畜禽生态养殖系列

土鸡生态养殖关键技术

李连任 主编

河南科学技术出版社

·郑州·

图书在版编目（CIP）数据

土鸡生态养殖关键技术/李连任主编 .—郑州：
河南科学技术出版社，2015. 11(2024.8重印)
ISBN 978-7-5349-7979-8

Ⅰ. ①土… Ⅱ. ①李… Ⅲ. 鸡—饲养管理 Ⅳ. ①S831. 4

中国版本图书馆 CIP 数据核字（2015）第 244053 号

出版发行：河南科学技术出版社
地址：郑州市经五路 66 号　邮编：450002
电话：（0371）65737028　65788613
网址：www. hnstp. cn
策划编辑：陈淑芹　陈　艳
责任编辑：陈　艳
责任校对：吴华亭
封面设计：张　伟
版式设计：栾亚平
责任印制：朱　飞
印　　刷：永清县晔盛亚胶印有限公司
经　　销：全国新华书店
幅面尺寸：140 mm×202 mm　印张：6. 5　彩图：4 面　字数：170 千字
版　　次：2015 年 11 月第 1 版　2024 年 8 月第 2次印刷
定　　价：58. 00 元

如发现印、装质量问题，影响阅读，请与出版社联系。

本书编委会名单

主　　编　李连任

副 主 编　李世常　李　英

编写人员　李　童　闫益波　张翔兵　李世常　吴现时　魏之福　尹绪贵　刘芝美　李大勇　李　英　马祥群　王宗海　张凤娟　李连任　王立春

前　言

当今，在崇尚自然、回归自然的生活理念的引导下，消费者对家禽产品的需求已经由吃饱升级为吃好，由追求营养向追求口味的趋势发展，在这种背景下，速生、快大型的肉鸡已经不能满足市场高端、个性化的需求，而带有浓郁乡村特色、能够勾起大家童年时代美好回忆的土鸡、土鸡蛋渐渐受宠，成为质高价优的特色产品，被消费者认知与接受的程度与日俱增，就是因为它迎合了市场的这种需求趋势。

将传统的农家饲养土鸡方法和现代科学养鸡技术相结合，根据不同区域特点，利用林地、草场、果园、农田、荒山等自然资源，实行规模放养和舍养相结合。以自由采食野生天然饲料为主，即让鸡自由觅食昆虫、嫩草、腐殖质等；人工科学补料为辅，严格限制化学饲料添加剂等的使用，不使用任何激素和抗生素。通过良好的饲养环境、科学饲养管理和卫生保健措施等，实现标准化生产，使肉、蛋产品达到无公害食品乃至绿色食品、有机食品标准。同时，通过土鸡放养控制植物虫害和草害，减少或杜绝农药的使用，利用鸡粪提高土壤肥力，实现经济效益和生态效益、社会效益的高度统一。

但是，由于大部分的养殖户只是将少量的土鸡散养在自家房前屋后，技术管理和养殖效果得不到保证，局限性较大，土鸡产品的产量自然难以满足市场的需求。养殖者应根据自身能力，选

择适宜的品种，采取规范的技术，适度规模放养，并按标准化生产、市场化经营才能获得好的效果。

针对当前各地土鸡生态放养蓬勃发展，对科学养殖专业知识和先进技术需求迫切的新形势，我们组织了相关人员，根据近年来从事土鸡生态放养生产实践和科研所积累的资料，精心编著了《土鸡生态养殖关键技术》一书。本书从土鸡品种的选择与培育入手，从饲养环境、饲养方式、饲料配制、管理技术、疫病控制等方面全方位介绍了土鸡生态放养的规范化操作技术，力求让读者一看就懂，一学就会。在内容编写上，力求语言通俗易懂，操作简明扼要。这本书既适用于土鸡生态放养场（户），又可供广大养鸡技术和管理人员参考。

由于编者水平所限，不足和纰漏之处在所难免，请读者在使用中批评指正。

编者

2014 年 10 月

目　录

第一章　绪　论

第一节　概　述

一、什么样的鸡算是“土鸡”

“土”是“本土”的意思。所谓土鸡，就是传统的地方鸡种，在我国不同地区的叫法不同，又称为草鸡、笨鸡、地方鸡等。

土鸡具有耐粗饲、抱窝性强、抗病力强等特性。土鸡生产的鸡肉原滋原味，鸡蛋品质优良、营养丰富，市场前景广阔。

二、生态放养土鸡的意义

（一）生态放养土鸡

生态放养土鸡是充分利用土鸡这一优良地方鸡种，生产优质、安全的蛋、肉产品的全新的方式。

这种饲养方式将传统的农家饲养土鸡方法和现代科学养鸡技术相结合，根据不同区域特点，利用林地、草场、果园、农田、荒山等自然资源，实行规模放养和舍养相结合。以自由采食野生天然饲料为主，即让鸡自由觅食昆虫、嫩草、腐殖质等；人工科学补料为辅，严格限制化学饲料添加剂等的使用，不使用任何激素和抗生素。通过良好的饲养环境、科学饲养管理和卫生保健措

施等，实现标准化生产，使肉、蛋产品达到无公害食品乃至绿色食品、有机食品标准。同时，通过土鸡放养控制植物虫害和草害，减少或杜绝农药的使用，利用鸡粪提高土壤肥力，实现经济效益和生态效益、社会效益的高度统一。

这种饲养方式和土鸡良种繁育、专用饲料生产、土鸡健康保健、土鸡蛋肉加工、产品销售等环节配套衔接，在一些地区已经初步形成了一个农、林、牧结合的新型生态产业，具有十分广阔的发展前景。

（二）为什么要生态放养土鸡

1. 土鸡蛋、土鸡肉质优味美　由于近年来我国经济的快速发展，人民生活水平的日益提高，人们厌倦了缺少“鸡味”的饲料鸡、圈养鸡等一些快大型鸡肉的消费，出于对养生与健康的要求，人们对饮食质量越来越重视。土鸡产品因为无污染，少药残，野味浓，营养丰富，受到了越来越多人的青睐，价格也逐年走高。

据测定，土鸡蛋与现代配套系鸡相比，干物质率高，全蛋粗蛋白质、粗脂肪含量均较高，味道香。全蛋干样中谷氨酸含量高达 15.48%，而谷氨酸是重要的风味物质，再加上水分低、营养浓度大，使得土鸡蛋口味好、风味浓郁。

土鸡肉与现代配套系鸡相比，屠宰率高、腹脂率低、胸肌率高、胸肌的肌纤维直径小、肌纤维密度大、肉质鲜嫩，而肌肉中苷酸含量高使土鸡肉味道鲜美。因此，土鸡蛋、土鸡肉历来就深受消费者欢迎。

2. 科学放养，生产鸡蛋、鸡肉高端产品　实际上，消费者对土鸡产品的要求是很挑剔的。他们需要原滋原味的、不导入高产引进鸡种基因的纯正地方鸡种，而且要采用放养方式养殖，不喂工厂化生产的、添加任何药物和添加剂的饲料。严格意义上讲，也只有这种原滋原味的品种，加上最原始的养殖方式生产的

鸡肉和鸡蛋，才可以称得上是真正的土鸡肉和土鸡蛋。

生态养鸡，回归自然，环境优越，空气新鲜，阳光充足，饲养密度小，加上鸡只自由活动、采食天然饲料，有利于发挥土鸡蛋、土鸡肉质量优良的遗传潜力。实践证明，科学放养可以提高土鸡蛋的品质（提高蛋黄色泽、蛋黄磷脂含量、蛋白质含量、蛋白黏稠度、胆固醇含量，改善蛋壳质量），可以提高鸡肉品质。土鸡在放养过程中，活动量大，体内能量消耗较笼养鸡多，造成脂肪的沉积减少；同时，由于放养而摄食的矿物质也充足，其骨质结实，肉质致密，味道较浓。

特别是山区的草场、草坡有大山的自然屏障作用，极大地减少了传染病的发生，疾病减少，鸡群健康。生产出的优质鸡蛋、鸡肉高端产品味美、安全，售价较高，无论是在城市超市还是乡镇农贸市场都受到消费者青睐，显著提高了市场竞争力。

3. 降低饲养成本，提高养鸡收益 生态放养的土鸡，自由采食草籽、嫩草等植物性饲料，并大量捕食多种虫体（动物性饲料），在夏、秋季节适当补料即可满足其营养需要，可节省 1/3 的饲料。同时，配合灯光、性信息等诱虫技术，可大幅度降低果园、林地、农田虫害的发生率，减少农药的使用量，对环境和人类的健康也十分有利，一举多得。例如，在枣园中推行立体生态养鸡模式：树上结枣、树下养鸡，枣叶、杂草用来喂鸡。鸡啄食害虫减少枣树虫害，从而减少农药用量，另外鸡粪还可肥田。

4. 投资费用较少，提高经济效益 笼养现代配套系鸡需要投资较大的鸡舍和笼具，而生态放养土鸡的鸡舍建筑简易，无须笼具，投资较小，适于经济欠发达地区的农民采用。同时，由于节省饲料、投资小、疾病少、生产成本低、产品售价高，规模化生态养土鸡的收益明显提高。一般放养土鸡肉用，每只比集约化饲养“快大型”肉鸡收入高 6~10 元；放养土鸡产蛋，每只比笼养鸡收入高 10~20 元。

5. 降低环境污染 过去笼养鸡一直是我国蛋鸡生产的主体，特别是人口密集的平原农区，紧靠农居修建鸡舍，场舍密集，鸡混杂，排泄物对空气、水源、土地等环境造成严重污染，夏、秋季更是成为蚊蝇的滋生地，影响周围居民身心健康。而生态放养土鸡，远离居民区，饲养密度低，加之环境的自然净化，可使排泄物培肥土壤，变废为宝。

三、生态放养土鸡与传统放养土鸡的比较优势

（一）鸡种

生产纯种的土鸡目前时机还不成熟，因为没有经过选育的纯粹的地方鸡种，产肉率、产蛋率与生产效益不成正比。大多数土鸡下蛋不是很多，一般一年下蛋 120～150 枚；产肉率也不高，180 天才长到 1.5～2 千克。所谓土鸡蛋、土鸡肉好吃，主要还是因为这类鸡生长速度慢、生产水平低。和从国外引进的专用型品种如良种肉鸡、良种蛋鸡相比，从生产水平和经济价值上来看，是缺少优势的。虽然产品有市场，但是不能转化为规模生产的现实生产力，规模生产者没有效率的支撑，就很难生存下去，因此，生产纯种的土鸡产品，不可能形成规模效益。

重点推广经过系统选育、能生产高质量鸡蛋和鸡肉的地方鸡种——土鸡。这一类鸡经过系统选育或利用地方良种配种，具有生态型地方良种的特性，其肉、蛋口感、营养俱佳，这类鸡生产性能也较高，适应性强，适合规模放养，是生态放养鸡的首选鸡种。

而目前传统的农家庭院放养的虽然也称为“土鸡”，但多是未经系统选育提纯的鸡，群体内个体间生产性能很不一致。特别是杂交乱配严重，鸡种来源混杂，羽毛、外貌、生产性能差，不利于规模化饲养。

因此，土鸡生产并不仅仅局限于把土鸡原种直接推向市场，

而是要培育配套系，生产杂交一代土鸡供应市场，这才符合行业发展方向。

培育土鸡多用配套系，是针对中国市场的差异化选择和创新，可以用于专门化生产土鸡、土鸡蛋或仿土鸡、仿土鸡蛋，淘汰的种鸡还可成为售价不菲的“优质型老母鸡”。这种做法的优点是：可以通过多用途和灵活的生产方式，应对变幻莫测的市场行情；以多用途的附加值，应对进口鸡种单一的、难以企及的生产性能。由于配套系含有一定的地方鸡血统，所以适应性更好，适合广大农民在房前屋后放养，能够解决农民自身动物蛋白供应的问题，也适合适度规模的放养生产。

（二）规模和设施

规模是指不是一家一户十只八只的零星放养，而是以规模为基础（上百只为起点）的饲养群体；设施是指修建和配备相应的设施，比如鸡舍，不是在庭院垒砌的传统的日出而动、日落而归的小鸡窝，而是在放养地建造的既可以防风避雨，又可以产蛋休息，还可以人工管理的鸡舍。

（三）饲料

饲料是指并非完全靠鸡在外面自由采食野食，而是天然饲料和人工饲料相互补充，植物饲料、动物饲料和微生物饲料合理搭配的类天然饲料。

（四）管理和防病

管理不是只放不养、任其自生自灭的随意粗放管理，而是根据鸡的生物学特性、放养鸡的特殊规律、放养地的环境条件、季节气候等因素而设计的严格的管理方案，精细管理。同时，根据当前鸡易流行的主要传染病，结合当地鸡种特有的发病规律和放养地实际而制定的免疫程序及防治措施。

（五）组织

组织，不是一家一户自发盲目发展，而是有组织、有计划地进行。既有政府的宏观指导，又有科技部门和科技人员的广泛参与，更有经济实体龙头企业牵头，实施产供销一体化。

四、我国生态放养土鸡存在的主要问题

（一）品种选育有待加强

土鸡在我国饲养历史悠久，但是长期以来未经系统的选育提纯，群体内个体间生产性能很不一致，产蛋和育肥性能也有待进一步提高；由于大量外来高产品种被引入国内，杂交乱配严重，致使一些优良基因大量流失，不利于规模化饲养。经选育提纯的土鸡核心种群，体质和生产性能优异，外貌整齐，申请品种认定后，将成为我国优质地方鸡种质资源。

（二）土鸡标准化生态放养技术需要进一步普及推广

过去土鸡主要在农村庭院零星放养，谈不上什么饲养技术。而规模化生态放养由于群体较大，放养地饲料状况主要受气候变化影响，放养地和田间棚舍消毒及防疫比较困难，鼠兽伤害和意外伤亡机会较多，不能沿用传统技术，也不能照搬现代配套系鸡种的管理模式，而要实行传统和现代工艺的有机结合，建立一整套标准化饲养生产技术。目前不少地方仍沿用过去的庭院养鸡方式，造成成本较高，质量不稳定，效益受影响。因此，要开展生态放养土鸡、优良鸡种繁育、饲养管理、放养场地和设施建设、鸡群安全保健、产品安全等标准化生产配套技术的推广工作。

（三）需要探索最佳生产、销售模式

生态放养的土鸡产品多为高端产品，逢年过节是销售最旺时节。因为其独特的生产、销售规律，所以如何利用植物生长季节、市场需求变化、市场价格的时间差和地区差有效组织生产和销售，以取得最大收益，并争取全年均衡生产尚需认真探索。

五、生态放养土鸡的发展前景

随着人们生活水平的提高和社会文明的进步，笼养蛋鸡疾病威胁严重，产品药物残留难以控制，污染破坏生态环境等问题日益明显。而以回归田野放养形式的规模化生态放养土鸡因其产品质量优、风味好、符合生态保护政策，越来越受到消费者青睐和社会肯定。目前，欧美一些国家笼养和放养鸡蛋各自标明，且价格不同。基于食品安全和动物福利的考虑，欧盟规定2012年后，产蛋鸡禁止笼养，提倡蛋鸡放养，也传达了世界重视产品质量、生态环境和动物福利的新信息。

在我国，生态放养土鸡与集约化笼养现代配套系鸡这两种养殖形式不是对立、矛盾的，而是相辅相成的。两种养殖形式瞄准不同消费群体，满足鸡蛋、鸡肉消费市场多样化需求。特别是在改善质量、发展优质高端禽产品上，生态放养土鸡肯定会独树一帜，大放异彩。通过发展生态放养土鸡，各地农村都涌现出许多增收致富的好典型。作为养鸡业一个新的增长点和突破口，肯定会成为一个有利于农业增产、农民增收、繁荣农村经济的大产业。

第二节 土鸡产品的特点与放养要求

一、土鸡产品的特点

目前我国消费的土鸡产品主要以鲜蛋类和鲜肉类产品为主，部分产品深加工后采取真空包装等方法进行保鲜处理，便于携带与长途运输，可作为礼品馈赠亲友；有些羽毛色泽光鲜亮丽的品种还可以加工成标本作为工艺品销售；还有一些具有较高的药用价值，可以作为保健品直接食用或制成药物用于治疗（如乌鸡白风丸等）。

（一）土鸡肉

放养的土鸡饲养空间大，养殖环境好，空气清新，光照充足，养殖时间长，饮用水是附近的山泉，吃的食物是周围的各种植物和小虫子，或专门配制的不添加任何化学药物、抗生素和激素的全价日粮，所以土鸡肉的风味好、安全、营养价值比较高。主要表现在：

（1）相比现代饲养的快大型肉鸡，土鸡肉更加结实，肉质结构和营养比例更加合理。土鸡肉中含有丰富的蛋白质、微量元素和各种营养素，脂肪的含量比较低，对人体的保健具有重要的价值，是我们中国人比较喜欢的肉类制品，属于高蛋白的肉类。

（2）鸡肉皮中含有丰富的胶质蛋白，能够被人体迅速吸收和利用，是一种非常好的胶质，可以作为滋补食品。以前孕妇生产以后，用土鸡来炖汤可以促进身体的恢复，现在的人在患病以后的康复饮食中炖土鸡汤也是很好的选择，经常吃土鸡能够增强人的体质，提高人体的免疫能力。

（二）土鸡蛋

人们通常认为，土鸡放养在自然环境中，吃的都是用天然饲料原料配制的全价日粮，不添加任何化学物质、药物，产出的鸡蛋品质自然会好一些。而一般养鸡场生产的鸡蛋，也就是人们常说的“洋鸡蛋”，因采用了专门的产蛋鸡种和全价配合饲料，其品质可能不如土鸡蛋。特别是因为有些配合饲料可能会违规加入化学药物、抗生素和激素，以促进鸡快速生长、多产蛋及避免在淘汰之前病死，因而“洋鸡蛋”可能会含有对人体健康有危害的物质。因此，即使价钱贵出许多，很多人还是愿意购买土鸡蛋，尤其是给老人、孕妇和孩子吃。

从鸡蛋的外观上看，土鸡蛋个稍小、色浅，较新鲜的有一层薄薄的白色的膜，蛋壳坚韧厚实；蛋黄呈金黄色，蛋清清澈黏

稠，略带青黄；将熟鸡蛋剥壳放在手中揉捏，即使被捏得扁扁的，蛋白也不会开裂，还是一只完整的鸡蛋。土鸡蛋一般人均可食用，特别适宜体质虚弱、营养不良、贫血者及妇女产后、病后调养，也适宜婴幼儿发育期补养。

二、土鸡的生理习性与放养要求

（一）土鸡放养的内涵

土鸡放养要抓住原始、生态、无污染环节，实行自由放养，让鸡群觅食昆虫、嫩草、树叶、籽实和腐殖质等自然饲料为主，人工科学补料为辅，严格限制化学药品和饲料添加剂的使用，禁用任何激素和人工合成促生长剂，通过良好的饲养环境、科学饲养管理和卫生保健措施，最大限度地满足土鸡群的营养、生理和心理需要，提高鸡群本身的免疫力，使肉、蛋产品达到无公害食品乃至绿色食品的标准。

土鸡放养，不是让鸡全部采食野生的饲料，而是要根据土鸡的营养需求，在采食野生饲料的同时，适当补充全价饲料，以保证土鸡的生长、生产潜能的最大限度发挥。

我们对放养土鸡的内涵有如下的理解：土鸡放养，就是利用林地、果园、草场、荒山荒坡、河堤、滩涂等丰富的自然生态资源，根据不同地区自然环境的特点和特性，选择比较开阔的缓山坡或丘陵地，搭建简易鸡舍，实行舍饲（雏鸡培育阶段在鸡舍内养殖，放养阶段晚上鸡在舍内休息、过夜）和放养（1~2 个月后白天在林地散放饲养）相结合的养殖方法。放养的土鸡是土鸡原种或由其配套系生产的杂交一代土鸡。这种土鸡以自由采食林地里生长的野生自然饲料如各种昆虫、青草、草籽、嫩叶、腐殖质和矿物质等为主，辅助人工补喂全价日粮，实行科学的饲养和管理、严格的卫生防疫措施，并在整个饲养过程中严格限制饲料添加剂、化学药品及抗生素的使用，以提高鸡蛋、鸡肉的风味和品质，生产出更加优质、安全的无公害或绿色的肉、蛋产品。

土鸡放养是在现代农业可持续发展的大背景下运用生态学的原理，使农、林、果等农业种植生产和传统的散放饲养及现代科学饲养等畜牧生产方式有机结合，充分利用广阔的林地、果园等自然资源进行养鸡生产，达到以林养牧、以牧促林的良好效果；同时通过建立良性物质循环，实现资源的综合利用，起到既保护生态环境又增加农民收入的作用，实现生态效益、经济效益和社会效益的统一。

（二）土鸡的生理习性

1. 喜暖性 土鸡喜欢温暖干燥的环境，不喜欢炎热潮湿的环境，因此在选择放养场地时，要注意环境条件的适合性，最好建在地势较高、不易积水的地方，坡地要选在阳坡。

2. 合群性 土鸡一般不单独行动，其合群性很强。刚出壳几天的雏鸡，就会找群，一旦离群就叫声不止。因此，土鸡很适合群体放养。

3. 登高性 土鸡喜欢登高栖息，习惯上栖架休息（图1-1），黑夜时鸡完全停止活动，登高栖息。在养殖区内应安排有与养殖量相应的栖架以利于鸡群休息。

4. 认巢性 公、母土鸡能很快适应新的环境、自动回到原处栖息。同时，拒绝新鸡进入，一旦有新鸡进入便出现长时间的争斗，其中公鸡间的争斗更为剧烈。这都说明土鸡的认巢性很强。所以在饲养过程中不要轻易改变环境、合群和并群。

5. 恶癖 高密度养鸡常造成啄肛、啄羽等恶癖，因此在养殖过程中要在一定空间条件下设定饲养量，以免造成不必要的损失。

6. 抱窝性 即就巢性。土鸡一般都有不同程度的抱窝性，在自然孵化时是母性强的标志。但这种特性在实际生产中能减少产蛋率，降低生产性能。因此饲养过程中应注意及时发现并采取

图 1-1 栖息在树上的鸡

醒抱措施。

7. 应激性 任何新的声响、动作、物品等突然出现都会引起胆小怕惊土鸡一系列的应激反应，如惊叫、逃跑、炸群等。因此设定养殖区时要注意远离和避开城镇、厂矿、铁路、公路和噪声发生较多的环境，并注意恶劣天气如大风、雷电等环境时对鸡群进行提前防护。

8. 杂食性 土鸡的食谱广泛，觅食力强，可以自行觅食自然界各种昆虫、嫩草、植物种子、浆果、嫩叶等食物。因此，可以利用草场、草坡、林间、果园等自然资源进行土鸡放牧饲养，减少精饲料消耗，降低生产成本，生产绿色产品。

9. 喜食粒状食物 土鸡的喙便于啄食粒状饲料，所以土鸡喜欢采食粒状饲料。在不同粒度的饲料混合物中，首先啄食直径3~4 毫米的饲料颗粒，最后剩下的是饲料粉末。所以加工饲料时要定粒度，而且粒度均匀，有利于土鸡采食和满足均衡的营养需要。

10. 同步采食 土鸡喜欢群居生活，同时采食饮水。自然光照条件下，成年土鸡采食每天有两个高峰期，一是日出后 2~3

小时，二是日落前 2~3 小时，这两个时段要保证饲料供应，满足生产、产蛋的需求，同时配足料槽、饮水器等，满足均衡生长的需要。

（三）土鸡放养的基本要求

1. 土鸡品种选择 要选择中国境内品种，最好选择适合当地消费习惯、适应当地自然条件的本地特色品种。也可选择由当地土种鸡选育形成的配套系品种，或简单杂交后的杂交一代。

2. 饲料要求 土鸡的放养对饲料的要求很有讲究。土生土长的土鸡原来是吃青草、虫子、杂粮的。但是为了提高生产效益，必须饲喂配制饲料。在配制土鸡饲料时要因地制宜，利用当地各种动、植物饲料资源，做到饲料原料多样化，土鸡的生产性能才能大幅度提高。但是，所配制的全价日粮，必须是不添加任何化学药物、抗生素和激素的全价日粮。

3. 场地要求 必须具备宽敞、舒适的养殖场地，能够满足鸡的生物学习性。空气是对鸡肉质量影响最大的因素，在污染环境下长大的鸡，不仅口感不好，对人体还会产生不良影响。要为鸡群提供一个清洁的环境，保证环境不受各种污染；讲究环境友好，在养鸡的过程中不会对环境自然生态造成严重破坏。

4. 运动很重要 土鸡之所以“鸡味”浓，很大程度上得益于运动。因为鸡在运动的时候，肌肉可以得到充分生长和发育，肌间脂肪丰富，芳香性物质在脂肪中的比例增加，味道自然很香。因此，要保证土鸡充足的运动量。

第二章　土鸡生态放养的常见模式

第一节　土鸡生态放养的基本模式

一、散放饲养

这是鸡群放养模式中比较粗放的一种模式，是把鸡群放养到放牧场地内，在场地内鸡群可以自由走动，自主觅食。这种放养模式一般适用于饲养规模较小、放牧场地内野生饲料不丰盛且分布不均匀的条件下。

二、分区轮流放牧

这是鸡群放牧饲养中管理比较规范的一种模式。它是在放牧养鸡的区域内将放牧场地划分为 4～7 个小区，每个小区之间用尼龙网隔开，先在第一个小区放牧鸡群，2 天后转入第二个小区放养，依此类推。这种模式可以让每个放养小区的植被有一定的恢复期，能够保证鸡群经常有一定数量的野生饲料资源提供。

三、流动放牧

这种放养鸡群的方式相对较少，它是在一定的时期内，在一个较大的场地中或不连续的多个场地中放牧鸡群。在某个区域内放牧若干天，将该区域内的野生饲料采食完后，把鸡群驱赶到相邻的另一个区域内，依次进行放牧。这种放养方式没有固定的鸡舍，而是使用帐篷作为鸡群休息的场所。每次更换放牧区域都需要把帐篷移动到新的场地并进行固定。

四、带室外运动场的圈养

在没有放养条件的地方，发展生态养鸡可以采用带室外运动场的圈养方式。这种方式是在划定的范围内按照规划原则建造鸡舍，在鸡舍的南侧或东南侧、西南侧，划出面积为鸡舍 5 倍的场地作为该栋鸡舍的室外运动场。运动场内可以栽植各种乔木。在一些农村，有闲置的场院和废弃的土砖窑、破产的小企业等，这些地方都可以加以修整用于养鸡。

这种生态饲养方式使鸡群在白天可以有较多的时间在运动场活动、采食、进行沙土浴。鸡舍内采用网上平养或地面垫料平养方式，供鸡群夜间或不良天气时在室内活动与休息。

采用这种养殖方式要考虑为鸡群提供一个舒适、干净、能够满足其生物习性的环境。鸡舍的通风、采光、保温、隔热、隔离效果要好。鸡舍内要设置栖架以满足鸡只栖高的习性。采用这种生态养殖模式也要考虑青绿饲料的来源，因为在养鸡过程中需要经常在场地内撒一些青绿饲料让鸡群采食。

第二节　土鸡生态放养模式例析

一、林下养殖模式

（一）模式概述

林下生态养鸡是将传统方法和现代技术相结合，根据各地区的特点，利用荒地、林地、草原、果园、农闲地等进行规模养鸡，实施放养与舍饲相结合的养鸡方法。它对林地实施种养业立

体开发，减少林地害虫，抑制杂草丛生，培肥土壤，提高果园、林地单位面积的收入，解决农村部分剩余劳动力的就业问题，促进农民增收等方面具有积极的促进作用。让鸡自由觅食昆虫野草，饮山泉露水，补喂五谷杂粮，严格限制化学药品和饲料添加剂等的使用，以提高蛋、肉风味和品质，生产出符合绿色食品标准要求的一项生产技术。实施林地生态养鸡投入少、生产周期短、成本低、效益高，适合广大农村尤其是居住在丘陵、山地的农户采用。

（二）场地选择

1. 基本原则　果园林地的选择对于养好鸡有着十分重要的作用。一般林地以中成林较为理想，最好选择林冠较稀疏、冠层较高，树林荫蔽度在70%左右，透光和通气性能较好，且林地杂草和昆虫较丰富的成林。树林枝叶过于茂密，遮阴度大的林地，以及苹果、桃、梨等鲜果林地不宜用于养鸡。树林枝叶过于茂密、遮阴度大的林地则透光效果不好，不利于鸡的生长。苹果、桃、梨等鲜果林地在挂果期会有部分果子自然落果后腐烂，鸡吃后易引起中毒。所选场地应当符合无公害生产标准，土壤土质、空气、水源无污染。所选场地要有长远规划，粪便、污水、废弃物等应及时处理，不得污染和破坏周围生态环境。

2. 场地条件　放养林地要选择交通便利，地势高燥，排水良好，通风向阳，树木、藤木龄 2 年以上为宜，土质以沙土为好。鸡场必须要有安全可靠、充足的水源，不含病原体，无污染。要有搭建棚舍的地形条件，并在园地适当轮作草本类作物，供鸡食用。

3. 鸡舍的修建　鸡场鸡舍，必须具备以下四个条件：①能通风换气。②便于清扫、消毒。③育雏舍能保温隔热、遮风挡雨。④鸡舍位置要求地势较高，不积水，空气、水源无污染。

4. 养鸡设备和用具　增温设备，如电热伞、电热板、煤炉

等；食盘和食槽；饮水设备，常用的是塔式自动饮水机；育雏鸡笼、栖架等。

（三）搭建鸡舍

鸡舍应建在林地内避风向阳、地势高燥、排水排污条件好、交通便利的地方。鸡舍建筑面积按8~10只/米^{2}计算。每栋鸡舍距离30~50米。种鸡舍与运动场面积比例以1：2为宜，最多不能超过1：3。棚舍内外放置一定数量的料槽、饮水器。鸡舍场地使用5~6批后应转换到新场地，有利于防疫及减少疫病发生。鸡舍要建在高大的乔木树下、果树林中或林地边，坐北朝南，放牧场面向果林、树林。鸡舍采用塑料大棚，棚宽6米，长度视养鸡数量而定。大棚顶内层铺无滴塑料膜，其上铺一层5~10厘米厚稻草，形成保温隔热层，在草上再用塑料膜覆盖，并用尼龙绳系牢固定。塑料大棚纵轴的两侧下沿可卷起或放下，以调节室温和通风换气。棚舍内垫沙或短稻草，舍内每平方米养鸡6~8只。为有利于防病，在一个地方养几批鸡后，可转移地方再建。在一个地方养几群鸡时，鸡舍之间应相互远离，不要搞“养鸡小区”，以防因鸡群密度过大破坏放牧场植被，引起疫病传播，或因不慎造成“火烧连营”。

（四）品种选择

品种选择应根据市场消费热点，选择体型中等、符合消费者需求的为宜。四川山地乌骨鸡群体外形特征一致、整齐度高，具有乌皮、乌骨、乌肉的特点，内脏及系膜、脏膜和血均呈现不同程度乌色。羽毛片羽，以黑羽为主，占60%以上，白羽最少，约占6%，其余为麻（杂）羽。6月龄种公鸡平均体重2. 14千克，种母鸡平均体重1. 82千克，年产蛋量120~140枚；商品鸡120日龄公母平均体重1. 65千克。该鸡种肉质鲜美、风味独特、营养价值高、具有药用价值，深受消费者喜爱，市场前景十分广阔。

（五）进雏时机

初养鸡者，进鸡可选在较暖和的春季，取得经验后一年四季均可进雏养鸡。在引种时，应当从较正规的大型种鸡场引进，种鸡场应有生产许可证、营业执照、组织机构代码证等相关合法资质。林地养鸡要根据鸡群对围林野养的适应性和市场需求来选择鸡的品种。若肉蛋两用鸡可选年产蛋 130～200 枚、耐粗饲、活动范围广、觅食力强、抗病力好、个体中偏小、肉质细嫩味美的地方土鸡；若以肉用为主，宜选个体中偏大的土鸡或土交鸡。快大型鸡不适宜林地养殖。

（六）饲养管理

林地养鸡要注意放养密度、规模、放牧时期及管理。放养密度应按宜稀不宜密的原则，一般每亩林地放养 150～250 只。密度过大会因草虫等饲料不足而增加精料饲喂量，影响鸡肉和蛋的口味；密度过小则浪费资源，生态效益低。放养规模一般以每群 1 500～2 000 只为宜，采用全进全出制。放养时期要根据林地饲料资源和鸡的日龄综合确定放养时期，一般雏鸡购回后，第一个月按常规方式进行育雏，待脱温后再进入林地放牧饲养。放养的最佳时期选择在 4 月初至 10 月底，这期间林地杂草丛生，虫、蚁等昆虫繁衍旺盛，鸡群可采食到充足的生态饲料。其他月份则采取舍饲为主、放牧为辅的饲养方式。放牧时间视季节、气候而定。通常 30 日龄以上的雏鸡，夏天上午 9 时至下午 5 时前为放牧时间。冬天上午 10 时至下午 4 时可适度放牧。并按“早半饱、晚适量”的原则确定补饲量。即上午放牧前不宜喂饱，放牧时鸡只通过觅食小草、虫、蚁、蚯蚓等补充。夏季晚上，可在林地悬挂一些白炽灯，以吸引更多的昆虫让鸡群捕食。补饲精料的参考配方为：玉米 58%、麦麸 10%、豆粕 20%、骨粉 2.5%、鱼粉 6.2%、食盐 0.3%、预混料 3%。同时，有条件的林地要根据鸡的不同大小，划定养殖区域，进行分区轮牧，既可使鸡得到充足的天然食物，又可有效地保护林地内资源，使林地得到可持续利用。

在放养期间，要注意每天收听天气预报，密切注意天气变化。遇到天气突变应及时将鸡群赶回鸡舍，防止鸡受寒发病。为使鸡群定时归巢和方便补料，应配合训练口令，如吹口哨、敲料桶等进行归牧调教。在果树喷药防治病虫害时，应先驱赶鸡群到安全地方避开。若是遇到大雨，可避开 2~3 天；若是晴天，要适当延长 1~2 天，以防鸡只食入喷过农药的树叶、青草等中毒。未分区轮牧的鸡群出栏后，应对果园进行清理，空闲一段时间再养。

（七）病害防控

林地养鸡的环境是开放性的，易受染疫、野禽等侵害，做好科学免疫、驱虫、消毒和鼠害防控工作尤其重要。一般林地养鸡对 1 日龄的鸡要皮下注射马立克疫苗，4 日龄传染性支气管炎 H120 苗滴鼻，8 日龄和 30 日龄新城疫Ⅳ系苗滴鼻，12 日龄和 25 日龄法氏囊苗滴鼻，35 日龄鸡痘苗皮下刺种，50 日龄传染性支气管炎 H52 苗 2 倍量饮水，60 日龄新城疫Ⅰ系苗肌内注射，90 日龄鸡大肠杆菌苗肌内注射，留作产蛋的鸡群在 120 日龄时还要肌内注射新城疫、传染性支气管炎、产蛋下降综合征三联灭活苗。鸡群每隔 1~1.5 个月用左旋咪唑或丙硫咪唑驱虫 1 次。驱虫方法为可在晚上把药片研成粉料，先用少量饲料拌匀，然后再与全部饲料拌匀进行喂饲。第 2 天早晨要检查鸡粪，看是否有虫体排出。如发现鸡粪里有成虫，次日晚上补饲时可以同等药量驱虫 1 次。鸡舍每周清扫 1 次，转换轮牧区时，彻底清除上一牧区的鸡粪，并用抗毒威喷洒或石灰乳泼洒消毒。鸡舍每 2 周带鸡消毒 1 次。同时，要在养鸡的林地内养猫，防止老鼠的侵袭。饲养员每天注意观察鸡群的状况，详细记录鸡群的采食、饮水、精神、粪便、睡态等状况。发现病鸡，应及时隔离和治疗，对受威

胁的鸡群进行预防性投服药物。

（八）管理要点

1. 雏鸡保温　雏鸡第一周龄温度要求为32℃，以后每周下降2～3℃。

2. 饲养规模　以每群1 000只左右为宜，放牧场地大则可扩大群体。

3. 适时免疫　一般应接种鸡马立克、新城疫、法氏囊疫苗，饲养期较长的产蛋鸡，还应接种鸡传染性支气管炎疫苗，夏、秋季还应接种鸡痘。雏鸡阶段应在饲料中加入防白痢和抗球虫药物。

4. 饲喂方法　以放牧加补料最佳。40天以内雏鸡以舍饲喂给全价配合料，此后可白天放牧，晚上补料，并让鸡吃饱。放牧鸡群时应防止农药中毒、暴雨淋、兽害。进入产蛋期后，每天自然光加上人工补充光照时间不少于16～17小时。

5. 产品上市　鲜蛋生产出后，要贮放于凉爽的地方并尽早出售，否则鲜蛋会随着贮放时间延长而品质下降。优质活鸡上市可根据市场对鸡的体重、发育程度和行情适时出售。

（九）发展前景

林地养鸡能充分利用当地资源，生产绿色食品，通过逐步推广，扩大规模，发展特色养鸡，形成特色品牌，增加养殖户经济收入，推动农村经济发展。

二、山地放养模式

山地养鸡的特点是放牧，在品种上应当选择适宜放牧、抗病力强的土鸡或土杂鸡为宜。它们耐粗饲，抗病力强，虽然生长速度较慢，饲料报酬低，但肉质鲜美，价格高，利润大，应作为山地饲养的首选品种。

（一）场地选择

山地养鸡的场地选择应遵循如下几项原则：

（1）既有利于防疫，又要交通方便。

（2）场地宜选在干爽、排水良好的地方。

（3）场地内要有遮阳设备，以防暴晒中暑或淋雨感冒。

（4）场地要有水源和电源，并且圈得住，以防走失和带进病菌。避风向阳，地势较平坦、不积水的草坡。其中最好有树木，以便鸡到树下乘凉。

（二）搭建鸡舍

鸡舍设计的要求是通风、干爽、冬暖、夏凉，坐向宜坐北向南。一般棚宽4~5米，长7~9米，中间高1.7~1.8米，两侧高0.8~0.9米。由内向外通常用油毡、稻草、薄膜三层盖顶，以防水保温。在棚顶的两侧及一头用沙土砖石把薄膜油毡压住，另一头开一个出入口，以利于饲养人员及鸡群出入。棚的主要支架用铁丝分四个方向拉牢，以防风雨把大棚吹翻。

（三）清棚消毒

每一批鸡出栏以后，应对鸡棚进行彻底清扫，更换地面表层土，清洗工具。对棚内地面及用具先用3%~5%的来苏儿水溶液进行喷雾浸泡消毒，然后再进行熏蒸消毒：每立方米空间用25毫升福尔马林加12.5克高锰酸钾。原饲养过鸡的草山草坡，也应先在地面上撒一层石灰，然后进行喷洒消毒。最好是利用无污染的草山草坡建新棚，铺设垫草。为了保暖需铺些垫料，垫料可选新鲜无污染、松软、干燥、吸水性强的锯面子、小刨花、稻草、谷壳等，可以混合使用。使用前应将垫料暴晒，挑出发霉垫草，厚度以3~5厘米为宜。

（四）饲料选择

一般来说，优质土鸡的生长速度较慢，对饲料营养水平的要求比较低，但也不能只喂单一饲料，以免造成营养缺乏，影响生长发育，降低成活率。应当选择优质土鸡系列全价颗粒料或混合饲料。另外，可以用山地种植的南瓜、甘薯、木薯等杂粮代替部

分混合料。

（五）饲养管理

1. 雏鸡饲养管理　雏鸡的生长发育特点是体温调节能力差、生长速度快、消化功能不完善、抗病能力差、敏感性强、喜群居、胆小。因此，在饲养管理上要抓好如下几点：

（1）饮水与开食。雏鸡进入育雏室后，休息半小时至1小时，便可以喂水。一般喂水先于料。水温以32℃左右为宜，不可饮冷水。头2天可饮用稀浓度的高锰酸钾溶液，有利于消炎、杀菌，预防雏鸡白痢。雏鸡饮水后，能迅速排出胎粪刺激食欲。一般开饮后可开食。把开食料撒于铺在垫料上的浅颜色的塑料布上，让雏鸡自由采食。雏鸡的消化力差，必须喂给容易消化、营养全面的饲料。雏鸡出壳2天后，食欲旺盛。喂料时要定时定量，一般以喂八成饱为宜。过饱会引起消化不良；不足时会影响雏鸡生长发育，甚至会引起啄食恶癖。每次喂料量以15～20分钟吃完为宜。

（2）环境温度与湿度。育雏的关键是给予雏鸡适宜的温度。以育雏器下的温度为例：1～2日龄时是34～35℃；3～7日龄是32～34℃；第2周为28～30℃；第3周为26～28℃。育雏在冬春季每周下降2℃，夏、秋季每周下降3℃，降至21℃为止。雏鸡对湿度的要求，第1周相对湿度在70%～75%，第2周下降到60%，第3周以后尽量保持在55%～60%的水平上。湿度过大，有利于病原微生物的繁殖，容易诱发球虫病；湿度过小，干燥会使雏鸡呼吸加快，体内的水分随呼吸而大量散发，腹内剩余蛋黄吸收不良，影响雏鸡的发育。

（3）注意分群，加强巡查。强弱雏鸡和病雏要分群饲养，检查弱雏最好在早晨第1次喂食的时候，弱雏易被挤出来。对患病较重的雏鸡应立即淘汰。经常巡查鸡群，其意义有三点：一是通过观察了解饲料的适口性和投喂量；二是能及时从雏鸡的饮

食、活动、粪便状况中发现和诊治疾病；三是及时发现意外情况，及时处理，减少损失。

2. 生长鸡饲养管理 生长期的鸡生长速度快，食欲旺盛，采食量不断增加。饲养目的是使鸡得到充分的发育，为后期的育肥打下基础。饲养方式是放牧结合补饲。一般应注意以下两点：一是公、母鸡分群饲养。一般公鸡羽毛长得较慢，争斗性强，对蛋白质及其中的赖氨酸等物质利用率较高，饲料效率高。母鸡由于内分泌激素方面的差异，增重慢，饲料效率差。公母分养有利于提高整齐度。生长期采用定时补饲，把饲料放在料槽内或直接撒在地上，早晚各1次，吃完为止。二是驱虫。一般放牧20~30天后，就要进行第1次驱虫，相隔20~30天再进行第2次驱虫。主要是驱除体内寄生虫，如蛔虫、绦虫等。可使用驱虫灵、左旋咪唑或丙硫苯咪唑。第1次驱虫，每只鸡用驱虫灵半片。第2次驱虫，每只鸡用驱虫灵1片。可在晚上直接口服或把药片磨成粉，再与饲料拌匀进行喂饲。一定要仔细将药物与饲料拌得均匀，否则容易产生药物中毒。第2天早上要检查鸡粪，看是否有虫体排出。并要把鸡粪清除干净，以防鸡只食虫体。如发现鸡粪里有成虫，次日晚上可以同等药量驱虫1次。

3. 育肥鸡饲养管理 育肥期即指10周龄至上市的时期。此期的饲养要点是促进鸡体内脂肪的沉积，增加肉鸡的肥度，改善肉质和羽毛的光滑度，做到适时上市。在饲养管理上应注意以下三点：一是随着肉鸡的日龄增长，体内增长的主要组织与中鸡阶段有很大差别。肉鸡沉积适度的脂肪可改善肉鸡的肉质，提高胴体外观的美感。此期一般应提高日粮的代谢能，相对降低蛋白质含量，肉鸡育肥期的能量一般要求达到每千克12.54兆焦，粗蛋白在15%左右即可。为了达到这个水平，往往需增加动物性脂肪。二是育肥期采用放牧育肥的，一方面可以让鸡采食大自然的昆虫及树叶、杂草等以节约饲料；另一方面，提高鸡的肉质风

味，使上市鸡的外观和肉质更好。进入育肥期后，应减少鸡的活动范围和运动，以利于育肥。三是搞好防疫，重视杀虫、灭鼠和清洁消毒工作，以预防疾病发生。

第三章　适合生态放养土鸡的品种与繁育

第一节　土鸡的主要品种

一、土鸡品种的特点

优良的地方土鸡品种，体型小巧，反应灵敏，活泼好动，适应当地的气候与环境条件，耐粗饲，抗病力强，适宜放养。各种土鸡的配套系、各种叫不上名称的土杂鸡，也都适宜于野外放养。相反，那些先进的蛋鸡和快大型肉鸡品种，大多体型笨重、神经敏感、抗病性差，野外放养成功率低。

（一）体型外貌特点

我国土鸡品种众多，体型和体貌差异较大。从外观上看，土鸡的头很小、体型紧凑、胸腿肌健壮、鸡爪细、冠大直立、色泽鲜艳。仿土鸡接近土鸡，但鸡爪稍粗、头稍大。快大型鸡则头和躯体较大、鸡爪很粗，羽毛松散，鸡冠较小。

由于品种间相互杂交，因而土鸡的羽毛色泽较杂，常见的有黑、红、黄、白、麻等；脚的皮肤也有青色、黄色、黑色、灰白色等。若引用其他肉鸡品种血缘，与国外肉鸡品种杂交后，通常称为“仿土鸡”；但是，如含外血较大，则不能称作真正意义上的土鸡了。

把鸡宰杀洗净后，土鸡、仿土鸡、快大型鸡三种鸡的差别就

会更明显。土鸡皮肤薄、紧致，毛孔细，是呈网状排列的；仿土鸡皮肤较薄、毛也较细，但不如土鸡；而快大型鸡则皮厚、松弛，毛孔也比较粗。土鸡和仿土鸡最重要的特点是肤色偏黄、皮下脂肪分布均匀，而快大型鸡的肤色光洁度较大，颜色也偏白。土鸡和仿土鸡烧好后肉汤透明澄清，脂肪团聚于汤汁表面，有香味；而快大型鸡则肉汤较浊，表面脂肪团聚较少。

（二）按用途分类

根据用途，土鸡可分为蛋用型（仙居鸡、济宁百日鸡等）、蛋肉兼用型（边鸡、北京油鸡、固始鸡等）、肉用型（河田鸡、溧阳鸡等）、药用型（金阳丝毛鸡、乌蒙乌骨鸡等）、药肉兼用型（兴文乌骨鸡、沐川乌骨黑鸡等）和观赏型（鲁西斗鸡、丝毛乌骨鸡等）五大类。

（三）按地域分布分类

我国幅员辽阔，各地都有自己的特色土鸡品种。青藏高原区有藏鸡；蒙新高原区有边鸡、中国斗鸡（吐鲁番鸡）；黄土高原区有静原鸡、边鸡、略阳鸡、正阳三黄鸡；西南山地区有彭县黄鸡、峨眉黑鸡、武定鸡、中国斗鸡（版纳斗鸡）；东北区有林甸鸡、大骨鸡；黄淮海区有北京油鸡、寿光鸡、济宁鸡；东南区有浦东鸡、仙居鸡、萧山鸡、白耳黄鸡、丝毛乌骨鸡（江西的泰和鸡、福建的白绒鸡、广东的竹丝鸡）、江山白羽乌骨鸡、崇仁麻鸡、河田鸡、惠阳胡须鸡、杏花鸡、清远麻鸡、霞烟鸡、桃源鸡、固始鸡、溧阳鸡、鹿苑鸡、狼山鸡、中国斗鸡（中原斗鸡、漳州斗鸡）。

二、常见土鸡品种

我国地方土鸡品种众多，本书只重点介绍几个地方资源保护较好，并具有一定种群的地方土鸡品种。

（一）蛋用型

1. 仙居鸡　仙居鸡又称梅林鸡，分布于浙江省东南部，是浙江省优良的小型蛋鸡地方品种。主要产于浙江省仙居县及邻近的临海、天台、黄岩等县。仙居鸡历来饲养粗放，主要靠放牧，野外自由觅食，因此体格健壮，适应性强。

仙居鸡结构紧凑，体态匀称，全身羽毛紧密贴体，尾羽高翘，背平直，骨骼纤细。仙居鸡有黄、黑、白三种羽色，黑羽体型最大，黄羽次之，白羽略小。目前资源保护场在培育的目标上，主要是黄羽鸡种的选育，现以黄羽鸡种的外貌特征简述如下：该品种羽毛紧凑，尾羽高翘，体型健壮结实，单冠直立，喙短，呈棕黄色，胫黄色无毛。部分鸡只颈部羽毛有鳞状黑斑，主翼羽红夹黑色，镰羽和尾羽均呈黑色。虹彩多呈橘黄色，皮肤白色或浅黄色。成年公鸡羽毛主要是黄色，梳羽、蓑羽色较浅有光泽，主翼羽红夹黑色，镰羽和尾羽均呈黑色。成年母鸡羽毛色较杂，以黄为主，尚有少数白羽、黑羽。雏鸡绒羽黄色，但深浅不同，间有浅褐色。

仙居鸡生长速度中等、个体小，属早熟品种，早期增重慢，180 日龄公鸡体重为 1 256 克，母鸡体重为 953 克，接近成年鸡的体重，半净膛屠宰率公鸡为 85. 3%，母鸡为 85. 7%；全净膛屠宰率公鸡为 75. 2%，母鸡为 75. 7%。在放牧饲养条件下，公鸡 90 日龄体重可达 1. 5 千克，母鸡 120 日龄可达 1. 3 千克，平均料肉比为 3. 2 ∶ 1，饲养成活率在 98%以上，商品鸡合格率在 96%以上。

开产日龄 150~180 天，一般饲养条件下年产蛋 160~180 枚，高产的鸡达 200 枚以上，平均蛋重 42 克左右；就巢母鸡一般占鸡群 10%~20%；成年母鸡体重 1. 25 千克；蛋壳以浅褐色为主。因体小而灵活，配种能力较强，可按公母 1 ∶ （16~20）配种。

2. 济宁百日鸡　原产于山东济宁市，属蛋用型品种。

济宁百日鸡体型小而紧凑，背部呈“U”字形。头型多为平头，凤头仅占10%。母鸡毛色有麻、黄、花等羽色，以麻鸡为多。麻鸡头颈羽麻花色，其羽面边缘金黄色，中间为灰或黑色条斑，肩部和翼羽多为深浅不同的麻色。公鸡羽色较为单纯，红羽公鸡约占80%，黄羽公鸡次之，杂色公鸡甚少。单冠，公鸡冠高直立，冠、脸、肉垂鲜红色。脚主要有铁青色和灰色两种。皮肤多为白色。

初生重为29.63克，成年体重公鸡为1.32千克，母鸡为1.23千克。屠宰测定：6.5月龄公鸡半净膛屠宰率为77.3%，母鸡为84%，公鸡全净膛屠宰率为57.7%，母鸡为63.8%。少数个体100天就开产，称为“百天鸡”，开产日龄为146天。年产蛋130~150枚，部分产蛋达200枚以上。平均蛋重为42克，蛋壳颜色为粉红色。

（二）肉用型

1. 河田鸡　产于福建省长汀、上杭两县。属于肉用型品种。

河田鸡体近方形，有“大架子”（大型）与“小架子”（小型）之分。雏鸡的绒羽均呈深黄色，喙、胫均呈黄色。成年鸡外貌较一致，单冠直立，冠叶后部分裂成叉状冠尾。皮肤肉白色或黄色，胫黄色。公鸡喙尖呈浅黄色。头部梳羽呈浅褐色，背、胸、腹羽呈浅黄色，蓑羽呈鲜艳的浅黄色，尾羽、镰羽黑色有光泽，但镰羽不发达。主翼羽黑色，有浅黄色镶边。母鸡羽毛以黄色为主，颈羽的边缘呈黑色，似颈圈。

成年体重公鸡为1 725.0克±103.26克，母鸡为1 207.0克±35.82克，初生重公鸡为30.7克，母鸡为29.6克。120日龄屠宰测定：公鸡半净膛屠宰率为85.8%，母鸡为87.08%；全净膛屠宰率公鸡为68.64%，母鸡为70.53%。开产日龄180天左右，年产蛋100枚左右，平均蛋重为42.89克，蛋壳以浅褐色为主，少数灰白色，蛋形指数1.38。

2. 溧阳鸡 溧阳鸡是江苏省西南丘陵山区的著名鸡种，当地亦以“三黄鸡”或“九斤黄”称之。

溧阳鸡属肉用型品种。体型较大，体躯呈方形，羽毛及喙和脚的颜色多呈黄色。但麻黄、麻栗色者亦甚多。公鸡单冠直立，冠齿一般为 5 个，齿刻深。母鸡单冠有直立与倒冠之分，虹彩呈橘红色。

成年体重公鸡为 3 850 克，母鸡为 2 600 克。屠宰测定：公鸡半净膛屠宰率为 87.5%，母鸡为 85.4%；全净膛屠宰率公鸡为 79.3%，母鸡为 72.9%。开产日龄为 243 天±39 天，500 日龄产蛋为 145.4 枚±25 枚，蛋重为 57.2 克±4.9 克，蛋壳褐色。

（三）蛋肉兼用型

1. 边鸡（右玉鸡） 边鸡属肉蛋兼用型品种。边鸡是一个蛋重大、肉质好、适应性强、耐粗抗寒的优良地方鸡种。产于内蒙古自治区与山西省北部相毗连的长城内外一带，因当地人民视长城为“边墙”，所以称这一鸡种为边鸡（在山西省也称为右玉鸡）。主要分布在内蒙古乌兰察布市的凉城、和林、丰镇、兴和、卓资、察哈尔右翼前旗、察哈尔右翼中旗、四于王旗、武川和山西省雁北地区的右玉县，以凉城、卓资、察哈尔右翼中旗和右玉县最为集中。

边鸡体型中等，身躯宽深，体躯呈元宝形。胸部发达，肌肉丰满，背平而宽，胫长且粗壮。全身羽毛蓬松，绒羽较密。喙短粗略向下弯，以黑、褐、黄色居多。冠型有单冠、玫瑰冠、豆冠、毛冠，以单冠、玫瑰冠居多。公鸡冠较小，有明显的“S”状弯曲，色鲜红。眼大有神，虹彩呈红色或黑红色。脸、肉髯、耳叶均呈红色。脸部较清秀，着生有长短不一的细羽。公鸡羽色红黑色或黄黑色，少数黄白色和白灰色。母鸡羽色多种，有白、灰、黑、浅黄、麻黄、红灰和杂色，其中黄麻羽色又分为深褐、浅褐、红黄和麻黄。公鸡的主尾羽不发达，母鸡的尾羽短而上翘。

胫部有发达的胫羽，胫多呈青色、黑色，少数呈肉色、灰色。

边鸡平均体重：成年公鸡 1 825 克，母鸡 1 505 克。成年公鸡平均半净膛屠宰率 79. 0%，母鸡 74. 0%；成年公鸡平均全净膛屠宰率 73. 0%，母鸡 67. 5%。

边鸡母鸡平均开产日龄 240 天。平均年产蛋 101 枚，平均蛋重 63 克，高者达 96～104 克。平均蛋壳厚度 0. 39 毫米。蛋壳深褐色，少数褐色或浅褐色。公母鸡配种比例 1 ：（10～15）。

2. 北京油鸡（宫廷黄鸡）　北京油鸡属蛋肉兼用型品种。原产于北京城北侧安定门和德胜门的近郊一带，其邻近地区海淀、清河等也有一定数量的分布。因具有外观奇特、肉质优良、肉味浓郁的特点，故又称宫廷黄鸡。北京油鸡具有抗病力强、成活率高、易于饲养的特点，是目前土蛋鸡养殖的更新换代品种，养殖开发潜力巨大。现为国家级重点保护品种和特供产品、北京市特色农产品开发的重点。

北京油鸡体躯中等，羽色分赤褐色和黄色，其中羽毛呈赤褐色（俗称紫红毛）的鸡，体型较小；羽毛呈黄色（俗称素黄毛）的鸡，体型略大。北京油鸡头较小，喙黄色，尖部褐色，单冠，冠小而薄，在冠的前段常形成一个小的“S”状褶曲，冠齿不甚整齐。凡具有髯羽的个体，其肉垂很少或全无。冠、肉髯、耳叶、脸红色。少数个体分生五趾。眼较大，虹彩棕褐色。冠羽、髯羽很明显，部分油鸡冠羽大而蓬松，常遮住视线。成年鸡的羽毛厚密而蓬松。公鸡的羽色鲜艳光亮，头部高昂，尾羽多呈黑色。母鸡头、尾微翘，腹部略短，体态敦实，尾羽与主翼羽、副翼羽中常夹有黑色或以羽轴为中界的半黑半黄的羽片。公母鸡均有冠羽和胫羽，部分个体兼有趾羽，不少个体的颌下或颊部生有髯须。因此，人们常将这“三羽”（凤头、毛腿和胡子嘴）性状看作是北京油鸡的主要外貌特征。初生雏全身披着淡黄或土黄色绒羽，冠羽、胫羽、髯羽也很明显，体浑圆，十分惹人喜爱。

北京油鸡成年公鸡平均体重 2 049 克，母鸡 1 730 克。成年公鸡平均半净膛屠宰率 83. 50%，母鸡 70. 70%；成年公鸡平均全净膛屠宰率 76. 6%，母鸡 64. 6%。

北京油鸡母鸡平均开产日龄 210 天，平均年产蛋 110 枚，平均蛋重 56 克。蛋壳褐色、淡紫色。公鸡性成熟期为 60～90 天。公母鸡配种比例 1 ：（8～10）。母鸡抱窝性较强，就巢率约 20%。就巢期长者可达 60 多天，短者 20 天，平均为 25 天。公母鸡利用年限 1～2 年。

3. 固始鸡 固始鸡属蛋肉兼用型鸡种，其具有耐粗饲、抗逆性强、肉质细嫩等优点。自然放养的固始鸡自由觅食，食青草、小虫，其具有产蛋多、蛋大壳厚、耐贮运、蛋清稠、蛋黄色深、营养丰富、风味独特、遗传性能稳定等特点，为我国宝贵的家禽品种资源之一。

固始土鸡是在固始县独特的地理位置和特殊的气候环境下，经过历史上长期闭锁繁衍而形成的具有特殊性能和优良品质的地方鸡种，因主产于固始而得名。

固始鸡个体中等，外观清秀灵活，体型细致紧凑，结构匀称，羽毛丰满，尾型独特。初生雏绒羽呈黄色。头顶有深褐色绒羽带，背部沿脊柱有深褐色绒羽带。两侧各有 4 条黑色绒羽带。成鸡冠型分为单冠与豆冠两种，以单冠者居多。冠直立，冠齿为 6 个，冠后缘冠叶分叉。冠、肉垂、耳叶和脸均呈红色。眼大略向外突起，虹彩呈浅栗色。喙短略弯曲，呈青黄色。胫呈靛青色，四趾，无胫羽。尾型分为佛手状尾和直尾两种，佛手状尾尾羽向后上方卷曲，悬空飘摇是该品种的特征。皮肤呈暗白色。公鸡羽色呈深红色和黄色，镰羽多带黑色而富青铜光泽。母鸡的羽色以麻黄色和黄色为主，属黄鸡类型，白、黑色很少。该鸡种性情活泼，敏捷善动，觅食能力强。

成年固始鸡平均体重，公鸡 2 470 克，母鸡 1 780 克。公鸡

半净膛屠宰率 81.76%，母鸡 80.16%；公鸡全净膛屠宰率 73.92%，母鸡 70.65%。

固始鸡母鸡性成熟较晚。开产日龄平均为 205 天，最早的个体为 158 天，开产时母鸡平均体重为 1 299.7 克。年平均产蛋量为 141.1 枚，产蛋主要集中于 3~6 月，平均蛋重为 51.4 克，蛋壳褐色，蛋壳厚为 0.35 毫米，蛋黄呈深黄色。

固始鸡有一定的抱窝性。自然条件下抱窝性者占总数的 20.1%；舍饲条件下，抱窝性者占 10%。

（四）药用型

1. 金阳丝毛鸡　金阳丝毛鸡主产于四川凉山州，与产于中国江西、福建和广东的丝毛鸡在体型外貌、生产性能和遗传性等方面均有显著的区别。

金阳丝毛鸡的外貌特点是全身羽毛呈丝状，头、颈、肩、背、鞍、尾等处的丝状羽毛柔软，但主翼羽、副翼羽和主尾羽具有部分不完整的片羽。由于该鸡全身羽毛呈丝状，似松针或羊毛，故当地群众称之为“松毛鸡”或“羊毛鸡”。

母鸡体格较小，头大小适中，红色单冠，喙肉色，耳叶多为白色，脸红色或紫红色，虹彩橘黄或橘红色，体躯稍短。皮肤白色，个别黑色，也有乌骨、乌皮、乌肉的个体，胫肉色或黑色，大多数开胫羽，脚趾四个。公鸡体格中等大小，红色单冠直立，肉垂发达；颈较粗壮，体躯宽阔稍短，两脚开张，站立稳健。

金阳丝毛鸡体格较小，但屠体丰满，早熟易肥。在中等营养水平条件下，据测定，1 周岁公鸡全净膛屠宰率为 80.1%。500 天平均产蛋量 57.11 枚，平均蛋重 52.4 克±0.75 克，大小均匀，蛋壳呈浅褐色，平均厚度为 0.31 毫米。

金阳丝毛鸡性成熟较早。公鸡开啼日龄为 120 天左右，母鸡开产日龄为 160 天左右。金阳丝毛鸡抱窝性强，在不采取任何醒抱措施的情况下，持续期长，一般 1 个多月，长者可达 2 个月之久。每产 10～15 个蛋抱 1 次。

2. 乌蒙乌骨鸡 乌蒙乌骨鸡主产于云贵高原黔西北部乌蒙山区的毕节市及织金、纳雍、大方、水城等地，是贵州省的药肉兼用型鸡种。

乌蒙乌骨鸡公鸡体大雄壮，母鸡稍小紧凑。多为单冠，公鸡冠大耸立，个别有偏冠，冠齿 7～9 个，肉髯薄而长，母鸡冠呈细锯齿状。羽色以黑麻色、黄麻色为主，少数白色、黄色和灰色。羽状多为片羽，少数翻羽。冠、喙、脚、趾、泄殖腔、皮肤、耳呈乌黑色。大部分鸡的皮肤、口腔、舌、气管、嗉囊、心、肺、卵巢、肠、肾脏、胰脏、骨膜、骨髓乌黑色。肌肉乌黑色较浅，颈部、背部肌肉乌黑色偏重。少数有胫羽。

平均体重，成年公鸡 1 870 克，母鸡 1 510 克。成年公鸡平均半净膛屠宰率 77. 90%，母鸡 78. 48%；成年公鸡平均全净膛屠宰率 67. 96%，母鸡 68. 99%。

母鸡平均开产日龄 161 天。平均年产蛋 115 枚，平均蛋重 42. 5 克。蛋壳浅褐色。公鸡性成熟期 165～180 天。公母鸡配种比例1 ：（10～12）。母鸡抱窝性强，每年 4～5 次，平均就巢持续期 18 天。

（五）药肉兼用型

1. 兴文乌骨鸡 兴文乌骨鸡又名四川山地乌骨鸡。属肉药兼用型鸡种。主产于四川省南部山地的兴文县，分布于珙县、筠连、高县、叙永等地，宜宾、屏山和江安等地南部的山丘地带亦有少量分布。

兴文乌骨鸡体型较大，体质结实、健壮。冠型大多为单冠，复冠很少。大多数喙、冠、肉髯、睑、胫、趾、皮肤和舌头均为乌黑色，屠宰后可见肉乌、骨乌和内脏乌（群众称十全乌骨鸡），也有舌头不乌的白肉乌骨鸡（当地群众称半乌骨鸡）。全身黑羽鸡居多，麻黄羽次之，白羽甚少。羽毛形状大多数是片

羽，翻羽和丝毛羽少见。

兴文乌骨鸡肉质细嫩多汁，香味浓，具有一定的保健作用。成年公鸡体重 2 828 克，母鸡 2 230 克。180 日龄和 300 日龄平均全净膛屠宰率分别为 79. 50%和 79. 40%，365 日龄公鸡全净膛屠宰率 81. 10%，母鸡 78. 40%。

母鸡平均开产日龄 195 天。平均年产蛋 110 枚，平均蛋重 58 克。蛋壳浅褐色。公鸡性成熟期 150～180 天。公母鸡配种比例 1∶(8～12)。母鸡有抱窝性，每年就巢 7～8 次，每次平均就巢持续期 21 天。

2. 沐川乌骨黑鸡 沐川乌骨黑鸡属药肉兼用型鸡种，是四川省地方特优品种，又称大楠黑鸡。其中心产区在四川省沐川县的大楠、底堡、干剑、沐溪、建和、幸福、永福和炭库八个乡、镇。分布于沐川全县及其毗邻县、区的浅丘、二半山区。

沐川乌骨黑鸡体躯长而大，背部平直，胸丰满。头中小、清瘦。喙短，前端稍弯曲，呈黑色。冠型有单冠、玫瑰冠、复冠，呈黑灰色，冠直立，冠齿 5～7 个。肉髯乌黑色，耳叶椭圆形。睑部皮肤松弛、粗糙，呈黑色或紫色。眼椭圆形，暗黑色，瞳孔、虹彩乌黑色。颈弯曲适中。主尾羽发达、直立。全身羽毛黝黑，泛蓝绿色光，鞍羽和尾羽更为明显。全身皮肤乌黑色。胫较长，多数有胫羽，趾乌黑色。

沐川乌骨黑鸡平均体重，成年公鸡 2 680 克，母鸡 2 290 克。成年公鸡平均半净膛屠宰率 84. 00%，母鸡 75. 00%；成年公鸡平均全净膛屠宰率 79. 00%，母鸡 69. 00%。

母鸡平均开产日龄 225 天。每窝产蛋 10～15 枚，平均年产蛋 110 枚，平均蛋重 54 克。蛋壳浅褐色。公鸡平均性成熟期 200 天。母鸡抱窝性弱。

（六）观赏型

鲁西斗鸡是观赏型土鸡的代表品种。

鲁西斗鸡古称唆鸡，俗称咬鸡，是我国特有的观赏型珍贵鸡种，被誉为中国四大斗鸡之首。原产于山东西南部古城曹州一带，即今菏泽、嘉祥、曹县、成武等县。

鲁西斗鸡体型高大魁梧，体质健壮，体躯长，成年斗鸡具有鹰嘴、鹅颈、高腿、鸵鸟身，肌肉丰满，体质紧凑、结实等特点。公鸡胸肌发达，颈长腿高，尾羽高举，体态英俊威武。体形呈半梭形，头小，头皮薄而坚。脸狭长，毛细。冠呈瘤状，肉垂已不明显。喙短粗呈弧形。眼大，眼窝深，虹彩为水白眼和豆绿眼，耳叶短小。斗鸡羽色种类较多，主要有黑色、红色和白色。胫呈肉色，无胫羽。四趾间距离宽，鸡冠有仙鹤顶和泰山顶两种。仙鹤顶又称花冠，泰山顶又称平冠。花冠又分大花冠、小花冠、肘花冠、三道梁冠、泥鳅冠、麦穗花冠等。平冠又分大平冠、小平冠、疙瘩冠、柿饼冠等。

成年公、母鸡体重分别为 3. 87 千克和 3. 02 千克。斗鸡开产日龄较晚，一般为 200~250 天，年产蛋 48 枚，最多 60 枚，蛋重 50~75 克，蛋呈暗红色，蛋壳较厚，质地细密，不易破碎。公母比例 1 ：（4~5）。抱窝每年一次，持续 15~30 天。

第二节　土鸡的主要遗传性状及选育

一、土鸡的主要遗传性状

（一）繁殖力

受精率是繁殖力的直接指标，受鸡的品种、生理状态、环境因素、饲养管理的影响，属低遗传力性状。孵化率是反映种鸡场技术水平的灵敏指标，受种鸡的饲养管理条件和孵化技术等因素影响。近交导致受精率和孵化率下降，杂交可获得较大的杂种优势，使上述两性状性能均提高。

（二）生活力

生活力包括育雏育成期和产蛋期存活率，生活力高低与机体的抗病力有关。生活力受环境因素的影响非常大，其遗传力很低（估计值约 0.10）。生活力在近交时下降，杂交时可产生杂交优势。

（三）饲料效率

饲料效率是养鸡业特别重要的经济性状之一。一般来说，生产性能（产蛋多，生长快）高饲料效率就高，但同样的产蛋量和生长速度、饲料效率仍有差别，饲料转化率的遗传力为中等（0.3 左右）水平。因此，直接选择即可获得一定的选择反应。饲料效率在蛋鸡上称为蛋料比（某年龄段饲料耗量与产蛋总量之比），在肉鸡称为料重比（某年龄段饲料消耗量与增重之比）。

（四）蛋重

蛋重不但影响产蛋总重，而且也与种蛋合格率、孵化率等有关，因而在蛋鸡及肉鸡的育种方面都备受重视。

蛋重主要受母鸡年龄、体重、开产日龄影响，同时也与母鸡的营养水平、气温、光照时间、湿度、疾病等因素有关。同一品种内体重大者，蛋重也大；早产的蛋重小；初产时蛋重较小；夏天气候炎热，鸡采食量减少，蛋重也减轻，饲养不良时蛋重往往减轻。蛋重的遗传力为 0.5 左右，重复率高达 0.7 左右。蛋重与产蛋数呈负的遗传相关，与开产日龄呈正的遗传相关，理想的鸡种是早熟和产大蛋的。

（五）产蛋量

产蛋量受遗传、外界环境和饲养管理因素的影响，其遗传力低（0.05～0.10）。性成熟时间、产蛋强度、抱窝性、休止性（休产在 7 天以上而不是指抱性）和产蛋持久性是影响产蛋数的五大可以遗传的性状。且产蛋数、开产日龄和抱窝性在某种程度上与伴性基因有关，使用产蛋数多、成熟早的品种作父本，比产蛋量低、成熟晚的品种作父本所生的后代的产蛋量高、成熟早。产蛋数与肉用仔鸡的出生体重及成年体重呈负相关（-0.31～-0.14），与蛋重呈高度负相关，与开产日龄呈负相关（-0.3左右）。

（六）蛋品质

蛋品质主要包括蛋壳质量、蛋壳色泽、哈氏单位及血（肉）斑率等。

蛋壳质量用蛋壳强度（一般用强度计测定，正常强度在0.23兆帕）表示，遗传力中等（0.3～0.4），蛋壳厚度与蛋壳强度呈正相关（+0.73），蛋的相对密度与蛋壳强度也呈高度的正相关。

蛋壳颜色受多基因控制，遗传力较高（0.42～0.48）。白壳蛋鸡和褐壳蛋鸡间的杂种鸡产浅褐壳蛋。蛋壳色泽常受疾病、喂药、应激、年龄等因素影响而出现异常。

一般新鲜蛋的浓蛋白高，浓蛋白高度的遗传力较高（0.4），受蛋重大小的影响，通常蛋大则浓蛋白浓度也高。哈氏单位是浓蛋白高度和蛋重加权得出的一个统计量。哈氏单位遗传力高（平均0.4～0.5）。其与浓蛋白高度呈强相关性，与产蛋数呈较弱的负遗传相关性。哈氏单位受年龄影响，初产时高，而后逐渐下降。

（七）屠宰性能

1. 屠宰率 屠宰率是肉鸡生产中的重要性状，同样，在土鸡育种及生产中也越来越受重视。屠宰率的遗传力估计值在0.3左右。

（1）屠宰率。是指屠体重占活重的百分比。屠宰率是肉鸡生产中的重要经济性状，其遗传力估计值在0.3左右。随着分割肉鸡的普及，对屠体各部分比例的遗传力也有研究，但是由于准确测量这些性状比较困难，而且样本较少，影响了这些性状的直

接改良。目前一些大的育种公司以活体性状间接测定为主，屠宰后直接测定为辅的方法进行选择，使屠宰率和产肉率提高，形成高产肉率的肉鸡新类型。

（2）屠体品质。对鸡肉的品质要求从感官上是肉嫩而鲜，脂少而匀，皮薄而脆，骨细而软，口味较佳。目前，还常采用仪器分析对屠体化学成分、脂肪分布、肌纤维粗细和拉力进行评定。一般认为，地方品种鸡肉质较鲜美，而引进肉鸡品种生长速度快，肉味稍逊，所以，在生产和市场上，有“优质肉鸡”和“快大肉鸡”之分。不过优质与非优质与不同的人的口味和生活习惯有关，与加工工艺有关；快大型肉鸡照样也能做出肯德基之类的美味佳肴。屠体化学成分的遗传力估计值较高。有研究表明，屠体含水量的遗传力为0.38，蛋白质含量为0.47，脂肪含量为0.48，灰分量为0.21。这些成分间的相关性也非常高。屠体化学成分与饲料转化率的相关性较高，而与采食量的相关性很低。屠体中水分、蛋白质、脂肪、灰分含量与增重的遗传相关分别为0.32、0.53、0.39和0.14；与采食量的相关为-0.18、-0.06、-0.10和-0.17；与饲料转化比的相关分别为-0.63、-0.80、-0.65和-0.40。

（3）腹脂率。低脂肉鸡在当前普遍受到人们的欢迎，而目前的一些肉鸡品种却腹脂过量，成为育种生产中面临的一个重要问题。腹脂率的遗传力很高，一般为0.6左右，通过直接选择可迅速获得显著的遗传改良。但是腹脂量、腹脂率与体重有着0.38的遗传相关，腹脂的降低往往会影响体重的增加。腹脂率和腹脂量与耗料量之间的遗传相关为0.40和0.25左右，与饲料转化比的遗传相关为-0.62和-0.69。

（4）屠体缺陷。肉鸡的屠体缺陷主要有胸囊肿、腹水、龙骨弯曲和绿肌病等。这些缺陷对屠体的价值影响很大，而且随着肉鸡早期生长速度的提高，这些缺陷的发生率有增高的趋势。屠

体缺陷与遗传和饲养管理都有关系，通过育种措施彻底除去土鸡的龙骨突起，可以基本上克服胸囊肿。

2. 生长速度 早期生长速度是反映鸡肉用性能的重要指标。生长速度的遗传力高（0.4～0.8），经选择可以使该性状得到有效的改良。不同的品种、品系，其生长速度不同。据研究，在同品种或品系内，雄性生长速度较雌性快，可见生长速度有伴性遗传现象。

鸡的生长速度和成年产蛋量呈负的遗传相关。生长速度与胫长、胸宽、羽毛生长快慢呈正相关，改良这些性状，生长速度也将得到改良。

二、土鸡的选育

选择是育种工作的核心，选择分为天然选择（也称自然选择）和人工选择，选择可以使群体的遗传结构发生变化。自然选择是指自然条件对于鸡的选择作用，人工选择是指人类为了生活和生产的目的而对鸡进行的选择。人工选择在某种程度上破坏了鸡自然生存的能力，降低了其适应性和抗病力，提高了生产性能。育种实践中，主要包括质量性状和数量性状的选择、表型选择和基因型选择、个体选择与家系选择、单性状选择和多性状选择、直接选择和间接选择等。

（一）表型选择

表型选择是指根据鸡的外貌特征、生理特征、生产性能记录和某些生化性状进行的选择。育种实践中，快羽、慢羽的选择是在雏鸡出壳后第1天根据主翼羽和覆主翼羽的长短选择出快羽、慢羽，分别组群繁殖，在以后各代中逐步选择淘汰慢羽群中的快羽，或经过测定淘汰慢羽群中杂合子公雏。绿壳蛋鸡鸡冠发育迟早的选择是在30日龄左右选择鸡冠发育快、鸡冠红润的个体留种。此外，绿壳蛋、羽毛颜色、皮肤颜色、胫部颜色和冠型等性

状的选择均采用表型选择。

（二）个体选择

个体选择是指依据个体表型值进行的选择。个体选择是育种实践中广泛采用的一种方法。它适合于质量性状和遗传力中等以上数量性状的选择，个体选择可以有效地改进体重、蛋重、蛋壳颜色、羽毛生长速度和早熟性，是绿壳蛋鸡育种实践中常用的方法之一。

（三）基因型选择

基因型选择是以表型选择为基础，根据被选个体的祖先、同胞、后裔和个体本身的遗传性能表现进行选择。

质量性状的基因型选择比较容易，利用孟德尔定律来进行遗传分析。例如单冠性状的选择，选择单冠的个体留种纯繁就可选育出纯种。单冠是隐性性状。显性基因选择比较困难，因为显性纯合体和显性杂合体的表型相同。因此，除根据表型淘汰隐性个体外，还可应用测交淘汰杂合子。

数量性状的选择比较复杂，任何一个数量性状的表型值都是遗传和环境共同作用的结果。一般我们把遗传效应分为加性效应、显性效应和互作效应。加性效应的基因值可真实地遗传给后代，而显性效应和互作效应虽然也受基因控制，但不能真实地遗传给后代，育种过程中不能固定，对育种工作意义不大。我们把加性效应造成的部分称为基因的加性值或称育种值，而将显性效应和互作效应造成的部分称为剩余值。育种值不能直接度量，要从表型值进行间接估计。

（四）家系选择

家系选择是指根据家系的表型值进行选择的一种方法。家系选择是现代家禽育种和商业育种实践中广泛采用的一种方法，适应于遗传力低，但又很重要的经济性状的选择，如产蛋量、受精率和生活力等。家系选择并不以个体表型值的大小为依据，而是以家系表型均值的大小为依据，以家系为单位进行选择。在家系中，个体表型值除影响家系均值以外，对其本身在选择上来说意义不大，家系一般分为父系家系或母系家系。

家系选择与同胞选择属于同一范畴，但又有所不同，家系选择直接选留优秀家系，而同胞选择则是根据同胞成绩选留优秀个体。家系大时二者没有多大差别，家系小时二者有一定的差别，因同胞选择中同胞成绩对被选留种禽的育种值没有直接影响，同胞选择常用于对公禽的选择。

然而在育种实践中，个体选择和家系选择结合进行，不能简单地割裂开来。

（五）单性状选择

针对某一个性状的选择称单性状选择。单性状选择在绿壳蛋鸡育种实践中也经常用到，特别是在一个有稳定遗传结构的群体中选择某一标志性状时采用，如青胫性状和青胫、绿壳蛋等性状的选择。

（六）多性状选择

多性状选择是指在育种实践中对多个性状同时选择的一种方法，是家禽育种中常采用的方法。多性状的选择方法有顺序选择法、独立淘汰法和综合指数选择法，应用最广泛的是综合指数选择法。

1. 顺序选择法 是指将要选择的几个性状，逐个按时间顺序选择，一个阶段只选一个性状。这种选择方法浪费时间，对于同时选择的性状间是负相关的性状不利，如蛋重和产蛋率是负相关的。

2. 独立淘汰法 是指将要选择的几个性状都给一个最低标准值。选择过程中被选个体只要有一个性状低于标准就被淘汰，留下来的都是一些中庸个体。专门化品系选育法则克服了这种把某一性状特别优秀而其他性状良好的个体淘汰的缺点。

3. 综合指数选择法　是指对几个性状同时进行选择时，按照每个性状的遗传力和相关程度在经济上的重要性，制定一个能代表育种值的综合指数作为选择依据，选择指数比较高的个体留作种用制定综合指数时，按照每个性状的经济重要性或选择重要性不同给以不同的加权值。

第三节　土鸡的繁育与配种方法

一、土鸡的繁育方法

鸡的繁育方法可分为纯种繁育和杂交繁育两种。

（一）纯种繁育

纯种繁育是指用同一品种内的公、母鸡进行配种繁殖。这种方式能保持一个品种的优良性状，有目的地进行系统选育，能不断提高该品种的生产能力和育种价值，所以，无论是在种鸡场还是商品场都被广泛应用。但要注意，采用本品种繁育，容易出现近亲繁殖的缺点，尤其是规模小的养鸡场，鸡群数量小，很难避免近亲繁殖，而引起后代的生活力和生产性能降低，体质变弱，发病率、死亡率增多，种蛋受精率、孵化率、产蛋率、蛋重和体重都会下降。为了避免近亲繁殖，必须进行血缘更新，即每隔几年应从外地引进体质强健、生产性能优良的同品种种公鸡进行配种。

（二）杂交繁育

不同品种间的公、母鸡进行交配称为杂交。由两个或两个以上的品种杂交所获得的后代，具有亲代品种的某些特征和性能，丰富和扩大了遗传物质基础和变异性，因此，杂交是改良现有品种和培育新品种的重要方法。由于杂交一代常常表现出生命力强、成活率高、生长发育快、产蛋产肉多，饲料报酬高、适应性和抗病力强的特点，所以在生产中利用杂交产出的具有杂种优势的后代，作为商品鸡是经济有效的。根据杂交目的不同可分为育种性杂交（级进杂交、导入杂交和育成杂交）和经济性杂交（简单经济杂交、三元杂交和生产性双杂交）。

1. 杂交亲本的选择 土鸡的杂交以有特殊性状的品系选育为基础，确定父系和母系两个选育方向，再用父系公鸡和母系母鸡杂交生产 F1 代土鸡。土鸡亲本的选择应从以下三个方面进行。

（1）具有特殊性状的品系选育。特殊性状是指土鸡的标志性状，例如，胫色、羽色、冠型和肤色等性状。芦花羽系：选择芦花羽的公鸡和母鸡建立核心群，淘汰杂种芦花公鸡，选育出纯种芦花羽公鸡和母鸡建立芦花羽系。青胫品系：青胫属隐性基因控制，选择青胫的公鸡和母鸡建立核心群，选育出纯种青胫系。土鸡的标志性状多为质量性状。

（2）父系选择。父系要求体型大，肌肉丰满，生长速度快，有一定的早期生长速度，肉质滑嫩、味道鲜美。羽毛以快羽为佳，羽毛丰满有光泽，羽色杂。鸡冠发育较早，鸡冠鲜红。胫以青色为佳。父系公鸡与母鸡杂交 F1 代土鸡外貌符合土鸡的特征，生产性能符合土鸡的生产性能的指标。

（3）母系选择。母系选择要求体型中等，有一定的载肉量，肉质鲜嫩、骨细，皮脆味鲜，产蛋率高，蛋重较大，适合于各种饲养方式。属快羽型，羽毛紧贴体躯，羽色多样。性成熟早，鸡冠发达，鸡冠的颜色以鲜红为主，也可以为乌冠。胫、喙以青色、黑色为佳，黄色少，其他胫色均可。产蛋性能良好。与父系公鸡杂交 F1 代土鸡外貌和生产性能符合土鸡的外貌特征和生产性能指标。

2. 杂交利用模式 土鸡选育的目的就是通过品系间、品种间或品系与品种间杂交配套生产出符合市场需求的商品土鸡。亲本品系、品种选择确定后，品系、品种间杂交，进行配合力测

定，选出最佳杂交配套模式用于生产商品土鸡。杂交利用模式的主要方式如下：

（1）品种间、品系间或两品系间杂交配套。这种杂交利用模式实际上是二元杂交和级进杂交。

（2）三元杂交。采用 3 个品系或 3 个地方品种，3 个品系或品种之间等杂交配套生产 F2 代土鸡。

（3）杂交选育。采用以上两种杂交利用模式快速生产开发利用的同时，为了长远利益，杂交选育自己的配套品系是很有必要的。这种方式是采用品种间、品系间或品种与品系间杂交产生的后代闭锁繁育，再经过 3~10 年培育出纯系和杂交配套品系的一种方法。这种方法耗时、成本高、见效慢，育种实践中较少适用。

二、土鸡的配种方法

（一）自然交配

1. 大群配种　大群配种是指一定数量的公鸡和一定数量的母鸡按照 1 ：（10~12）的比例组成 100 只以上群体，使每只公鸡和母鸡间的交配次数均等的配种方法。这种方法多用于种鸡的繁殖扩群和商品土鸡苗的制种，大群配种的受精率高、孵化率高，而且公鸡数需求较少。

2. 小间配种　8~12 只母鸡配一只公鸡，放养在单独的小间或饲养笼内，进行小范围的交配，种鸡和种蛋鸡均编号。种鸡用肩号或脚号，而将配种间号、公鸡号、母鸡号写在种蛋的小头便于谱系孵化。这种方法可以准确地知道雏鸡的父母，多用于家系繁殖。

（二）人工授精

通过人工的方法，将精子输入母鸡腹中。这种方法比较烦琐费事，但可提高品种质量。

1. 种公鸡的调教 种公鸡要进行单笼饲养，按营养需要供给全价配合日粮，在参加配种前一周要进行采精调教，经过调教好的公鸡如果停止使用一个时期，再用时也需提前3~4天进行调教，并剪去种公鸡尾羽及泄殖腔周围的羽毛。

2. 人工授精器械的准备

（1）器械的准备。授精盒包括器具箱、集精管和输精器。器具箱中间有一层隔板，一侧放消毒干燥的注头，一侧放用后的注头，挎带长短可调节。集精管为15毫米×100毫米的试管。输精器由注头500支、注射器1支、微量吸头1个组成。

（2）洗刷与消毒。先用清水冲洗再用清水泡，然后加入洗衣粉反复洗刷，再用清水冲洗干净，最后用蒸馏水或凉开水冲洗一次，注头和微量吸头应甩去管内的水，全部放入干燥箱，升温至80℃左右。要保证全部器械清洁干燥。

3. 采精 采精时一手握住集精管，握的方法，小指在集精管手心侧，其他两个手指在集精管背侧，握住集精管，其拇指根部盖在集精管口上以防杂物进入。另外握集精管的手中指根部两侧夹一块药棉（或卫生纸），药棉伸长部分向手背方向展开，如公鸡排粪则用药棉拭去，操作时拇指与食指张开将肛门下缘的羽毛挡住，采精后拇指根部仍盖在管口，勿晃动，直到采精管九分满时。冬天可把握集精管的手放在腋下，输精时再取出。此方法采精，精液不需保温设备，不需稀释。

4. 精液品质检查与稀释 一般要求每周对精液品质进行一次检查，测定活力、密度等指标，如不合格及时解决。

合格的精液在输精前要进行稀释，稀释液的配方是：①葡萄糖1.4克，柠檬酸钠1.4克，磷酸二氢钾0.36克，蒸馏水100毫升。②果糖1.8克，谷氨酸钠2.8克，蒸馏水100毫升。先将以上稀释液的温度升到20~25℃，再将采得的鲜精液用带刻度的玻璃吸管吸入试管中，然后用另一吸管吸入与精液等量或加倍的

稀释液（视所需的稀释倍数而定），徐徐地进行充分混匀。

5. 输精 输精时间应在下午3~7时进行，避开产蛋高峰时间，第一次输精后，隔5~7天再输精一次。

输精人员将授精盒挎在胸前，把一个注头安在注射器上，从集精管中吸取0.025毫升精液（用肉眼看注头的玻璃管0.5厘米高处），待翻肛人员将阴道部与泄殖腔外翻时，速将注头从阴道口插入管腔1~2厘米深，推入注射。输完一只后迅速把用过的注头取下，放入盒中另一侧，再取出未用过的注头安上，吸取精液准备输精，要认真做到一只鸡用一个注头。输精时两人一组，每小时可输200只鸡，每天可输800只鸡。

第四节 土鸡的人工孵化技术

一、种蛋的收集与管理

（一）种蛋的收集

种蛋的收集，目的是减少种蛋的污染和破损，提高孵化率。为此，应做好以下工作：

1. 要做好鸡舍的环境卫生工作 平养时，产蛋箱和蛋箱垫料的卫生尤为重要，垫料每周换1~2次。垫料选择柔软、吸水性好的材料，如锯木屑、稻草、麦秸、碎玉米芯等。

2. 增加种蛋收集次数 勤收蛋可以减少种蛋破损，保持蛋面清洁。每天收蛋3~4次较为合理，过冷或过热的季节每天收蛋5~6次。平养时，每天最后一次收蛋后要关闭产蛋箱。

3. 减少窝外蛋 初产母鸡未经训练，产蛋箱不足或垫料潮湿、不清洁是造成窝外蛋的主要原因。窝外蛋很容易受到污染，而且会造成土鸡食蛋的恶癖。一般每4~6只母鸡要配备一个产蛋箱，产蛋箱放置在光线较暗的地方，保证有充足的垫料，为产蛋创造舒适的环境。刚开产的青年母鸡，可以在产蛋箱中放置假蛋，引诱其进入产蛋箱中产蛋。

4. 减少笼养时蛋的破损 笼养时要注意笼底铁丝的粗细、弹性和坡度等要素。

5. 分类收集 收集种蛋时，把特大、特小、畸形、破损和污染严重的种蛋捡出，另外放置，不进入种蛋库。这样可以减少对其他种蛋的污染，而且大大节省种蛋选择的时间。

（二）种蛋的管理

应从种鸡场开始：种鸡场应及时收集种蛋，一般建议每天收集 4 次，以减少污染和破损。饲养管理员在收集种蛋 2 小时后应及时进行熏蒸消毒，然后立即将种蛋送到蛋库。送蛋过程中要防止种蛋夏季被暴晒、雨淋，冬季防冻。

1. 种蛋的贮存条件与时间 种蛋的贮存温度一般保持在13~20℃，湿度一定要达到 70%以上。对于鸡所产的早期种蛋，其个小，蛋壳厚，蛋白稠，存贮时间长些较好。而对中期种蛋，大小合适，蛋壳厚度合适，蛋白质量是最好的，贮存时间应短些。对后期种蛋，种蛋个大，蛋壳薄，蛋白稀，存贮时间应更短一些。建议贮存条件与时间见表 2-1。如果因为孵化生产的需要而延长存贮时间，则存贮温度应相应调低，保存时间一般不应超过一周，否则孵化率明显下降，而种蛋保存期超出 15 天以上则几乎没有孵化的价值了。

表 2-1 种蛋贮存条件与时间

种鸡周龄	温度	相对湿度	时间
25~35 周	18℃	70%以上	4~6 天
36~50 周			2~4 天
51 周后			1~3 天

当存贮时间超过 7 天，一般的存贮温度在 13～15℃为宜。

2. 种蛋的选择

（1）剔除不合格种蛋。污染蛋、破壳蛋、裂纹蛋一定要剔除，否则在孵化过程中会形成臭爆蛋（污染蛋、破壳蛋、裂纹蛋在孵化温度下容易腐败变臭并爆裂）而污染其他种蛋和孵化器，得不偿失。剔除薄壳蛋、沙皮蛋和畸形蛋、钢皮蛋（蛋壳过硬的种蛋，雏鸡不易破壳），种蛋蛋壳厚度在 0.32 毫米左右最好。

（2）蛋重。一般鸡种蛋蛋重应在 45～65 克，种蛋的蛋形指数正常值在 1.3～1.35。

（三）种蛋的包装和运输

装运种蛋是良种引进、交换和推广过程中不可缺少的一个环节，孵化期应给予高度重视，否则将引起较大的经济损失。

1. 种蛋的包装　引进种蛋都需要对种蛋进行较长距离的运输，如果保护方法不当，往往引起种蛋破损或卵黄系带松弛、气室破裂而使孵化率降低。种蛋最好采用规格化的种蛋箱包装，蛋箱要结实，能承受一定的压力，用纸格一个一个地隔开或用特制的纸蛋托，避免相互接触，以免碰撞。一箱可容纳蛋 300 枚，装满后用胶带纸或打包带把箱口封好，便可装车运输。如果没有专用种蛋箱，也可用木箱或竹筐装运，这时可用废纸将蛋逐个包好，装入箱（筐）内，种蛋箱各层之间填充锯木面或刨花、稻草等垫料，以防种蛋箱撞击和振动，防止蛋与蛋的直接接触。不论使用什么种蛋箱，大头向上或平放，排列整齐，以减少蛋的破烂。

2. 种蛋的运输　在种蛋的运输过程中，不管使用什么交通工具，都应注意防止日晒雨淋。因此，在夏季运输种蛋时，要有遮阳和防雨器具。冬季种蛋运输时要注意保暖以防受潮，运输交通工具要求快速平稳，减少震动，搬运时轻装轻放，严禁猛烈振动，防止蛋黄膜破裂、系带折断等现象。运输种蛋最好的交通工具是飞机、火车、汽车等。种蛋运到后，应尽快开箱检查，剔除破损蛋，及时码盘、消毒、入孵。

（四）种蛋的保存

即使来自优良种禽又经过严格挑选的种蛋，如果保存不当，也会导致孵化率下降，甚至造成无法孵化的后果。因为受精蛋中的蛋胚，在蛋的形成过程中（输卵管里）已开始发育，因此，种蛋产出至入孵前，要注意保存温度、湿度和时间。

1. 种蛋保存的适宜温度　蛋产出母体外，胚胎发育暂时停止，随后，在一定的外界环境下胚胎又开始发育。当温度偏高，但不是胚蛋的适宜温度（37.8℃）时，则胚胎发育是不完全和不稳定的，容易引起胚胎早期死亡。当温度长时间偏低（如0℃）时，虽然胚胎发育处于静止状态，但是胚胎活力严重下降，甚至死亡。据测定，鸡胚胎发育的临界温度是23.9℃，即当温度低于23.9℃时，鸡胚胎发育处于静止状态。但是一般在生产中保存种蛋的温度要比临界温度低。因为温度过高，给蛋酶的活动及细菌的繁殖创造了条件。为了抑制酶的活性和细菌繁殖，种蛋保存适宜温度应为13~18℃。保存时间短，采用温度上限；时间长，则采用下限。

2. 种蛋保存的适宜相对湿度　种蛋保存期间，蛋内水分通过气孔不断蒸发，其速度与存贮室里的湿度成反比。为了尽量减少蛋内水分的蒸发，必须提高存贮室里的湿度，一般相对湿度保持在75%~80%。这样既能明显降低蛋内水分的蒸发，又可防止真菌滋生。

3. 种蛋存贮室的要求　环境温湿度是多变的，为了保证种蛋保存的适宜温湿度，需设种蛋库。其要求是隔热性能好（防冻防热），清洁卫生，防沙尘，杜绝蚊蝇和老鼠。不让阳光直射和穿堂风（间隙风）直吹到种蛋上。

4. 种蛋保存时最好用有空调设备的种蛋存贮室　种蛋保存2

周以内，孵化率下降幅度小；若保存 2 周以上，孵化率下降明显。一般种蛋保存 5～7 天为宜，不要超过两周。温度在 25℃以上时，保存不超过 5 天。温度超过 30℃时，种蛋应在 3 天内入孵。原则上天气凉爽时保存时间可长些，严冬酷暑时，保存时间应短些。总之，在可能的情况下，种蛋入孵越早越好。

5. 种蛋保存期的转蛋和保存方法 保存期间转蛋的目的是防止胚胎与壳膜粘连，以免胚胎早期死亡。一般认为，种蛋保存 1 周内不必转蛋。超过 1 周，每天转蛋 1～2 次。尤其超过 2 周以上，更要注意转蛋。转蛋有利于提高孵化率。

种蛋保存一般大头向上，可防止系带松弛，蛋黄贴壳。后来试验发现，种蛋小头向上存放可提高孵化率。所以种蛋保存超过 1 周，采用种蛋小头向上不转蛋的保存方法，可以节省劳力。

二、种蛋的孵化

（一）种蛋孵化的条件

1. 温度 温度是孵化的首要条件，是影响孵化率最重要的因素。鸡孵化期为 21 天，鸡胚发育最适宜的温度为 37.8℃，出雏温度为 37.3℃。夏季外界气温高时，孵化温度可降低 0.28℃。

2. 湿度 孵化器内的相对湿度应经常保持在 53%～57%，开始出雏时，提高到 70%左右。湿度是否正常，可用干湿球温度计来测定。

3. 通气

（1）通风与胚胎的气体交换。胚胎在发育过程中除最初几天外，都必须不断与外界进行气体交换，而且随着胚龄增加而加强，尤其是孵化 19 天以后，胚胎开始用肺呼吸，其耗氧量更多。因此必须加强通风。

（2）孵化器中的氧气和二氧化碳含量对孵化率的影响。氧气含量为 21%时，孵化率最高；每减少 1%，孵化率下降 5%。

氧气含量过高孵化率也会降低，在30%~50%范围内每增加1%，孵化率下降1%左右。不过大气的含氧量一般为21%。孵化过程中，胚胎耗氧，排出二氧化碳，不会产生氧气过剩的问题，而是容易产生氧气不足。新鲜空气含氧气21%、二氧化碳0.03%~0.04%，这对于孵化是合适的。一般要求氧气含量不低于20%，二氧化碳含量0.4%~0.5%，不能超过1%。二氧化碳超过0.5%时孵化率会下降，超过1.5%~2.0%时孵化率大幅度下降。只要孵化器通风系统设计合理，运转操作正常，孵化室空气新鲜，一般二氧化碳不会过高，应注意不要通风过度。

（3）通风与温、湿度的关系。通风换气、温度、湿度三者之间有密切的关系。通风良好、温度低，湿度就小；通风不良、空气不流畅，湿度就大；通风过度，则温度和湿度都难以保证。

（4）通风换气与胚胎散热的关系。孵化过程中，胚胎不断与外界进行热能交换。胚胎散热随胚龄的递增成正比例增加，尤其是孵化后期，胚胎代谢更加旺盛，产热更多；如果热量散不出去，温度过高，将严重阻碍胚胎的正常发育，甚至“烧死”。所以，孵化器的通风换气，不仅可提供胚胎发育所需的氧气、排出二氧化碳，还可使孵化器内温度均匀，驱散余热。

此外，孵化室的通风换气也是不可忽视的，除了保持孵化器与天花板有适当距离外，还应配备排风设备，以保证室内空气新鲜。

（二）孵化前的准备工作

1. 制订孵化计划 制订孵化计划，应根据自己的孵化设备条件、孵化出雏能力、种蛋供应能力及销售能力等具体情况而定，最好签订合同，办好手续。计划一经制订，非特殊情况不能随便改动，以便使整个工作有条不紊地进行。

孵化人员的安排，要根据实际情况及孵化技术水平适当搭配，选出负责人。另外，要把费工费力的工作如上蛋、验蛋、落

盘、出雏等工作错开。一般每5天孵1批，也有7天入孵两次，即3天入1批，4天入1批，这样工作效率比较高。

2. 孵化设备及附属用品的准备　在孵化前几天，应把机器的每个系统逐一检查，校正各部件的性能，故障一经查出立即排除。例如，调节温度、控湿水银导电温度计至所需要的温度、湿度，达到所需温度、湿度时，看是否能切断电源；报警系统能否自动报警；蛋的前俯后仰角度是否达到45°等。待各种调节系统均无异常便试机1~2天，一切正常方可入孵。

3. 孵化设备的消毒　在种蛋入孵前几天，要把孵化器、孵化设备先用清水冲刷，再用0.1%的新洁尔灭溶液擦拭，然后每立方米容积用福尔马林42毫升、高锰酸钾21克进行熏蒸。要求在温度24℃以上、相对湿度75%以上的条件下熏蒸24小时，然后开机门和进出气孔，驱散福尔马林蒸气。

4. 种蛋预热　可使胚胎发育从静止状态中逐渐“苏醒”过来，减少孵化器里温度下降的幅度，除去蛋表凝水，种蛋入孵前4~6小时或12~18小时，先在22~25℃室温下进行预热，也有在入孵前1~5小时、38℃预热。预热可提高孵化率。

5. 码盘　手工操作将消毒后的种蛋小头朝下、大头朝上，这种放置称码盘。码盘时应气室朝上，防止将破蛋码入盘中。由于种蛋皮薄易破损，因此应轻拿、轻放，防止损伤蛋壳。

6. 验蛋　码盘后，马上验蛋。把码好的种蛋一盘盘放在一个验蛋架上，用照蛋灯逐个透视检查，把裂纹蛋、破蛋及蛋内有异物的蛋全部剔除。在透视检查时，要上下仔细观察，动作要轻，不能粗暴，否则人为造成破蛋，会增加不应有的损失。

7. 入孵　入孵时间在下午4~5时进行。若不是整批上蛋，要使孵化器里新老胚蛋温度较均匀，应把种蛋交错放置，并标记符号，防止出错。

8. 孵化的日常管理工作

（1）查看温度。按照要求及孵化胚龄和室温高低调整好正常温度范围。

（2）查看湿度。适当的湿度使孵化初期胚胎受热良好，孵化后期有利于胚胎散热，也有利于破壳出雏。因此要注意经常清洗或更换湿度计上的纱布条，防止钙盐沉积变硬，影响准确度，并定期向湿度计水管中注入蒸馏水或凉开水，以防止水干测不出湿度。

（3）照蛋。照蛋就是采用验蛋器的灯光，透视胚胎发育情况，及时捡出无精蛋、死胚蛋、破损蛋、臭蛋，同时观察胚胎发育是否正常，及时采取相应的措施，以利于提高孵化成绩。

（4）通风换气。入孵开机后，当孵化器温度达到标准时，应打开进出气孔通风，开始少开一些，逐渐全开，将风扇转速控制在每分 120 转为宜，要经常检查电动机的发热程度，机器有无异常声响，还应注意孵化室内的通风换气，以保证室内空气新鲜，给胚胎的正常发育创造一个良好的环境条件。

（5）做好记录。值班人员还应做好各种记录，保持室内卫生整洁。

（三）种蛋的孵化方法

1. 天然孵化法　天然孵化法是我国广大农村家庭养鸡一直沿用的方法。这种方法的优点是设备简单、管理方便、孵化效果好，雏鸡由于有母鸡抚育，成活率比较高，但缺点是孵量少、孵化时间不能按计划安排，因此，只限于饲养量不大的农家使用。

（1）抱窝鸡的选择。要选择个体较大、健壮、温顺、抱窝性强的母鸡。

（2）抱窝地点及窝巢布置。将抱窝鸡放在箩、盆或木箱做成的窝巢内，窝内垫草，置于安静、避光、干燥、通风处，并要防止猫、鼠等的侵害。

(3) 抱窝鸡的管理。首先对抱窝鸡进行驱虱。可用除虱灵抹在鸡翅下，然后视鸡体大小放置一定数量的种蛋，一般放 15~20 枚，每天定时喂料、饮水和让鸡排粪。放出时间不宜过长，一般 20 分钟左右，为不使种蛋受凉可在窝上盖一覆盖物。如抱窝性强的鸡不愿离巢，一定要定时抓出，让其吃食、饮水、排粪。孵化过程中分别于第 7 天和第 18 天各验蛋 1 次，将无精蛋、死胚蛋及时取出，出壳后应加强管理，将出壳的雏鸡和壳随时拿走。为使母鸡安静，雏鸡应放置在离母鸡较远的保暖的地方，待出雏完毕、雏鸡绒毛干后接种苗，然后将雏鸡放到母鸡腹下让母鸡带领。出雏结束立即清扫、消毒窝巢。

2. 人工孵化法

(1) 炕孵。北方地区大多利用火炕来孵。方法是在炕上铺垫料，烧火供暖，用不同厚度的覆盖物如棉被、毯子、布单，随孵化日龄增加，覆盖物换薄。在后期不像孵鸭、鹅那样利用摊床，仍在炕上出雏，有的炕上还盖着薄单。翻蛋很艰难，一个蛋一个蛋、一排一排地翻，每天翻 4~6 次，如果有蛋盘，就方便多了。现在，大多数专业户在炕上铺上塑料水袋，袋内装上温水，暖炕和温水结合供温，可使温度平稳、均匀，容易控制，孵化效果更好。1~5 天内水温控制在 38.5~39.5℃，6~10 天 38.2~38.8℃，10 天后 38℃。温度计可插在蛋中间，10 天前水温比蛋温高 1~2℃，10 天后水温和蛋温相等。每平方米炕面积可孵蛋 150~200 枚。

(2) 平箱孵化法。平箱是用木板或纤维板制成的一个立柜式的孵化器，高 160 厘米、宽 100 厘米、深 100 厘米。下面供热部分砌成炉子式，可烧煤炭，也可用煤油灯或沼气供热，正面留门，烟囱可由箱中穿出，供热部和箱身连接处安置厚铁板，板上铺一层细沙或草木灰，形成隔热缓冲层，蛋放在箱内筛子里，要求箱内温度恒定。整个孵化器保持在 38~38.5℃。每个平箱可孵

蛋 200~300 枚。

每天翻蛋 6~8 次，翻蛋的同时调筛，每次调筛时将最下层筛取出，依次将各层筛拿出，翻蛋后下移一层，最后将最下层筛放在最顶层。翻蛋的方法是将筛中间蛋取出一部分，依次将外圈蛋往中心翻，最后将中心的蛋放在最外圈。下次先取出外围蛋，将蛋依次向内翻，最后将取出的蛋放到中间，每次翻蛋 90°。

平箱底部放水盘供温，控温在 1~5 天时为 38.5℃，6~17 天时为 37.5~37.9℃。温、湿度计挂在箱门玻璃上。

（3）煤油灯孵化法。此方法简单易行，成本低，孵化效果好。先用木板做一个长 200 厘米、宽 100 厘米的箱子，箱壁是两层结构，厚 70 厘米，中间装填锯末或聚丙烯等物，箱内做 3 层木格，使蛋盘保持 40°倾斜。箱顶用棉被代替，箱正面开两个门，供通风和出雏用。在箱的两侧离地 15 厘米处各有两根直径 3 厘米的管，管口各放一个煤油灯（可用罐头瓶做）。这 4 根铁管在箱内倾斜交叉向上，在对面上侧穿出，穿出处套一烟囱，孵化箱温度靠这 4 根铁管散出的热量来维持，通过调节煤油灯火力大小来调节温度。孵化箱底部设水盘箱，门上挂温、湿度计，按时调整温、湿度。该孵箱一次可孵蛋 400 枚，经济实用。

（4）温室孵化。要求温室保温良好，上有顶棚，下有混凝土地面，有里外间，这样保温好，消毒方便，温室的孵化量大，操作方便，通风良好。供温方式采用水平烟道或火墙，要求室温均匀，不漏烟，烟道设火门，火门开关可控制温度升降，室内搭木架，分层孵化。层次多少、孵化量大小，由房屋的面积和高度来决定。每隔 50 厘米一层，最上层离顶棚 70 厘米，下层离地面 60~70 厘米。温室墙上挂温、湿度计，室温控制在 34~38℃，相对湿度要求 57%~70%。蛋面温度第 1 天 38.5℃，第 2 天后 38℃，第 17 天后将蛋上摊，这时室温为 34℃，蛋温 37.5℃，将要出壳的蛋放在最下层摊床上，准备出雏。

3. 机器孵化法

（1）温度。温度是人工孵化的最根本条件，温度的设定应根据胚胎发育的需要而定，因为种鸡品种的差异、孵化设备工作机制的不同及环境条件的变化，孵化用温千差万别，但基本上是在37.2~38.5℃。大量实践证明，在孵化生产中，变温孵化效果明显优于恒温孵化，这是因为变温孵化最适合胚胎发育的需要。

对于变温孵化，其温度设定都是前高后低，当环境温度为22~27℃时，建议整批入孵变温孵化的最佳温度是：1~3天为38℃，4~7天为37.9℃，8~12天为37.8℃，13~15天为37.7℃，16~18天为37.6℃，出雏为37~37.2℃。

而恒温孵化时，在环境温度为20~27℃条件下温度可设定为37.8℃。出雏温度设定在37.2℃即可。

上述温度设定方案只是一个普遍适用的原则，在实际设定时要根据情况进行调整，在调整时要注意几个问题：①看胎施温。检查设定温度是否合适、是否能满足要求的最好办法，就是观察胚胎发育情况，也就是看胎施温。这需要进行经验的积累与沉淀。一般在孵化满10天和17天后应有90%以上的胚胎发育到合拢和封门，有经验的可用照蛋的办法检查并控制用温。②孵化温度的调整。在不同季节及不同环境温度下一定要调整孵化温度，一般环境温度每高或低2℃，设定温度就要减或加0.1℃。对不同周龄种鸡所产种蛋其孵化所需的温、湿度会有差别，因此入孵时，最好将相同的种蛋入到同一台孵化机中，用温时将刚开产种鸡所产种蛋的孵化温度提高0.1℃左右。③温度的校验。孵化过程中要定期对设备的显示温度，门表（一般是标准温度计）进行比对校准，确保用温准确。④巷道机的使用。对于大型养鸡场，孵化生产最好使用巷道机，而对中小规模孵化生产用箱体机比较合适，拥有多台箱体机时也可采用分批入孵的方式组织孵化。孵化设备的说明书中，提供了容蛋量25 000枚以上箱体机分批孵化方案。而对 19 200 枚或 16 800 枚容蛋量的箱体机则采用每 10 天入两车的办法分批入孵，即便采用恒温孵化施温方案，也能取得很好的孵化成绩，并且能达到节省电能降低生产费用的目的。

注意，没有上蛋的蛋车位要始终用装满空蛋盘的蛋车填充，否则会影响机内温度。

（2）湿度。湿度由孵化器门表内干湿温度换算求得，每小时观察记录 1 次。湿度高低与水盘多少、水温高低、水位高低及孵化室内环境湿度有关。湿度低时，可加水盘增加蒸发表面积，提高水温，降低水位，或在孵化室内地面洒水，改善环境湿度；也可以用热水浸透毛巾，搭在孵化器内的蛋架上，提高湿度。出雏时，应及时换水。目前，比较先进的湿度调节是自动调节，当机内湿度大时，自动报警，减少水分的蒸发；湿度小时，自动报警，增加水分的蒸发。

（3）翻蛋。增加翻蛋次数，可提高孵化率。目前机器孵化多是自动翻蛋，每小时翻蛋 1 次。手动翻蛋，动作要轻、稳、慢，并防止事故的发生。

（4）验蛋（照蛋）。验蛋的目的是检验胚胎发育是否正常，同时剔除无精蛋、死精蛋、死胚蛋和破蛋等。验蛋要求动作稳、准、快，尽量缩短验蛋时间。孵化人员验蛋放盘时，可根据机内不同的温度区及胚胎发育情况，趁机调整蛋盘，以便使胚胎发育一致，提高孵化率。验蛋的时间，一般是 5~8 天头照，18 天二照。大型孵化场由于验蛋工作量大，一般不进行二照。二照后进行移盘（也称落盘）。

（5）移盘（落盘）。胚蛋孵至 19 天再移盘较为合适。具体掌握 10%~20%的胚蛋“打嘴”的时候，即胚蛋至 19 天时移盘，这样可提高孵化率。移盘要求动作轻、稳、快，尽量缩短移盘时间，减少破蛋。品种或品系多时应做好标记。

（6）拣雏。一般每隔 4 小时拣雏 1 次。也可在出雏 30%～40%时拣第 1 次，60%～70%时拣第 2 次，最后再拣 1 次。拣雏动作要轻、快，尽量避免碰破胚蛋。在第 2 次拣雏后，将空蛋壳及时拣出，防止蛋壳套在其他胚蛋上，引起闷死。拣雏时，不要将机门全部打开，以免出雏器里的温度、湿度下降过快，影响出雏。在出雏后期，可进行助产。雏在壳内无力挣扎时，用手轻轻剥开壳，分开粘连的壳膜，把鸡头轻轻拉出壳外，但不要把整个雏鸡都拉出来。

（7）清扫、消毒。全进全出制的出雏器，拣完雏后，应彻底清扫，然后用高压水冲洗，再用福尔马林熏蒸。分批次出雏的孵化器，也要清扫、冲洗和消毒，消毒方法可改用新洁尔灭溶液擦拭出雏盘、出雏器等。

（8）停电时的措施。大、中型孵化场都应自备发电机，停电时用自备发电机供电。最好备有两部，其中一部备用。小型孵化场要事先与供电部门联系，提前得知停电时间及停电时间长短，以便采取供温措施，如准备火炉、暖气等。

停电时，注意机内各区域温度，必要时进行调盘，或手摇风扇叶转动，以使温度均匀。5 日龄胚蛋停电超过 4 小时，影响胚蛋发育，应把机门关好，并将室温提高到 30～32℃，及时检查蛋温。全进全出制 5 日胚龄以上或多批入孵制，将室温提高到 30℃，打开机门。胚龄小的要注意保温，胚龄大的注意散热。

（四）孵化过程中应注意的问题

1. 出壳的整齐度　根据落盘时的啄壳情况，总结并合理制定上蛋时间。在孵化技术掌握正常的前提下，由于种鸡产蛋周龄和种蛋贮存期之不同也会影响到出壳的整齐度。

（1）消毒。为了提高出壳的整齐度，一般情况下，产蛋初期及后期的种蛋、贮存期超过 7 天的种蛋应提前 6 小时入孵。上蛋后待孵化温度升到设定值时，以 28 毫升/米^3 甲醛和 14 毫克/

米^{3}的高锰酸钾熏蒸20分钟或开消毒灯30秒（避开已孵化24~96小时胚龄的胚蛋）。

整批入孵的，照蛋后在孵化机内（带种蛋）用28毫升/米^{3}的甲醛和14毫克/米^{3}的高锰酸钾熏蒸20分钟。

（2）落盘。孵化到第19天落盘，挑出死胎。把胚蛋在孵化机内的上下前后位置调到出雏机的下上后前位置上。落盘后，及时把孵化机内打扫干净，以46毫升/米^{3}的甲酸熏蒸20分钟。

（3）捡鸡。待大部分鸡出壳，在5%的颈后绒毛未干时开始捡鸡，清点好只数。详细记录，捡鸡后及时挑选鸡苗。分清健雏、弱雏。

（4）存放。选雏结束后，把雏鸡放在通风良好、温度25℃、相对湿度50%适宜的环境下，并根据停放时间、脱水情况进行带鸡喷水。

（5）扫摊。待出雏结束后，捡出毛蛋，清点好个数并详细记录，然后把出雏机彻底打扫干净待用。

以上的几个操作要点中，动作都应做到轻、稳、快。

2. 孵化过程中的臭蛋　在孵化过程中，很容易产生臭蛋。臭蛋的危害很大，处理不当将严重影响孵化效益。下面就臭蛋的危害、形成、处理及预防四个方面做一简述。

（1）臭蛋的危害。臭蛋不仅污染环境，影响孵化率，而且危害雏鸡健康。其危害机制主要是：臭蛋内容物含大量绿脓杆菌，臭蛋一旦爆裂，侵入正常种蛋内部繁殖，引起这些正常发育种蛋胚胎死亡、发臭，变成另一臭蛋污染源，再污染其他种蛋，形成恶性循环。另外，臭蛋内含有高浓度的硫化氢气体，散发在孵化室内，影响胚胎的呼吸代谢。如果室内硫化氢达到较高浓度，将造成胚胎窒息死亡，从而影响出雏率。

（2）臭蛋的形成。臭蛋的形成是细菌感染种蛋的结果。这些细菌多属假单孢菌属，主要是绿脓杆菌。臭蛋形成的原因主要

有以下几个方面：①母鸡羽毛、脚、粪便、垫料及鸡舍设备污染了蛋壳，随着蛋产出后的迅速冷却，内容物收缩，附着在蛋壳上的细菌随之侵入蛋内繁殖。②破蛋、裂纹蛋及薄壳蛋，细菌很容易侵入蛋内。③由于臭蛋的爆炸，污染同机孵化的种蛋。④孵化用具消毒不严，污染孵化的种蛋。

（3）臭蛋的处理。孵化过程中，若发现臭蛋及被污染的种蛋，应轻轻移出该孵化盘，取下没被污染的种蛋，码入另一消过毒的清洁盘中，插入孵化器内。臭蛋及被污染的种蛋装入密封容器内，清出孵化室；孵化盘用5%次氯酸浸泡24小时，彻底清洗后再用。

（4）臭蛋的预防。①为防止种蛋被污染，应做到及时捡蛋，最好每半小时到1小时捡蛋一次。②严格挑选种蛋。脏蛋、破蛋、裂纹蛋、薄壳蛋不能入孵，禁止用湿抹布擦拭种蛋。③做好种蛋消毒。种蛋从鸡舍内捡出后，立即用高锰酸钾、福尔马林熏蒸20分钟后送入蛋库，上蛋后在孵化室内再熏蒸20分钟。④照蛋，落盘时应及时发现并除去臭蛋、裂纹蛋。⑤搞好孵化用具及孵化室的清洗消毒。孵化用具如蛋盘、出雏盘要用药液浸泡，冲掉蛋皮、蛋液和胎粪、黏液等污垢。出雏机出雏完要彻底消毒一次。孵化室地面每两天坚持用5%次氯酸钠或10%来苏儿消毒一次。

3. 提高种蛋孵化率的关键

（1）搞好种蛋运输。

（2）加强种蛋贮存管理。

（3）不要忽视装蛋环节。孵化前装蛋应再次挑蛋，在装蛋时一边装一边仔细挑选，把不合格的种蛋挑选出来。种蛋应清洁无污染；蛋形正常，呈椭圆形，过长或过圆等都不适宜种用；蛋的颜色和大小应符合品种要求，过小或过大都不应入孵；蛋壳表面致密、均匀、光滑、厚薄适中，钢皮蛋、沙壳蛋、雏皮蛋、畸形蛋、破壳蛋和裂蛋等都要及时剔除。装蛋时应轻拿轻放，大头朝上。种蛋装上蛋架车后，不要立即推入孵化机中，应在20～25℃环境中预热4～5小时，避免温度突然升高给胚胎造成应激，降低孵化率。为避免污染和疾病传播，种蛋装上蛋架车后，应用新洁尔灭或百毒杀溶液进行喷雾消毒。

（4）控制好孵化的条件。①温度。鸡胚对温度非常敏感，温度必须控制在一个非常窄的范围内。胚胎发育的最佳温度为37.8℃，若温度过高，胚胎代谢过于旺盛，产生的水分和热量过多，种蛋失去的水分过多，可导致死胚增多，孵化率和健苗率降低；温度过低，胚胎发育迟缓，延长孵化时间使胚胎不能正常发育，也会使孵化率和健苗率降低。一般认为适宜的孵化温度是37.3～38℃。胚胎的发育环境是在蛋壳中，温度必须通过蛋壳传递给胚胎，而且胚胎在发育中会产生热量，当孵化开始时产热量为零，但在孵化后期，产热量则明显升高。因此，孵化机孵化温度的设定采取“前高、中平、后低”的方式，一般在第1～10天设定温度为37.9～38℃，第11～15天设定为37.8℃，第16～18天设定为37.7℃。②湿度。胚胎发育初期，主要形成羊水和尿囊液，然后利用羊水和尿囊液进行发育。孵化初期，孵化机内的相对湿度应偏高，一般设定为60%～65%；孵化中期孵化机内的相对湿度应偏低，一般设定为50%～55%。③通风换气。孵化机采用风扇进行通风换气，一方面利用空气流动促进热传递，保持孵化机内的温度和湿度均匀一致；另一方面供给鸡胚发育所需要的氧气和排出二氧化碳及多余的热量。孵化机内的氧气浓度与空气中的氧气浓度达到一致时，孵化效果最理想。研究表明，氧气浓度若下降1%，则孵化率降低5%。④翻蛋。翻蛋可使种蛋受热均匀，防止内容物粘连蛋壳和促进鸡胚发育。在孵化阶段（0～18天）通常采取翻蛋的措施，翻蛋频率以2小时1次为宜。对于孵化机的自动翻蛋系统，应经常检查其工作是否正常，发现问

题要及时解决。⑤出雏环节。通常情况下，孵化到第 18 天时，应从孵化机中移出种蛋进行照蛋，挑出全部光蛋和死胚蛋，把活胚蛋装入出雏箱，置于车架上推入出雏机直到第 21 天。出雏阶段的温度控制在 36.7～37.3℃；相对湿度控制在 70%～75%，因为这样的湿度既可防止绒毛粘壳，又有助于空气中二氧化碳在较大的湿度下使蛋壳中的碳酸钙变成碳酸氢钙，使蛋壳变脆，利于雏鸡破壳；同时，保持良好的通风，也可以保证出雏机内有足够的氧气。在第 21 天大批雏鸡捡出后，少量尚未出壳的胚蛋应合并后重新装入出雏机内，适当延长其发育时间。出雏阶段的管理工作非常重要，温度、湿度、通风等一旦出现问题，即使时间较短，也会引起雏鸡的大批死亡。

（5）孵化期胚胎死亡原因。鸡蛋在孵化期常出现胚胎死亡的现象，主要存在着两个死亡时间：第一个出现在孵化前期，鸡胚在孵化第 3～5 天，死亡原因是第 3～5 天胚龄正是胚胎生长迅速、形态变化显著时期，各种胎膜相继形成而作用尚未完善。胚胎对外界环境的变化是很敏感的，稍有不适，便影响一些弱胚的发育，甚至引起死亡。第二个出现在孵化后期，鸡胚在孵化第 18 天以后，原因是此时胚胎从尿囊绒毛膜呼吸过渡到肺呼吸的时期，胚胎生理变化剧烈、需氧量大、胚胎自身温度剧增，对孵化环境要求高，若通风换气不良、散热不好将会进一步加大胚胎死亡率。孵化期其他时间胚胎死亡，主要是受胚胎生活力的强弱影响。

1）前期死亡。种蛋的营养水平及健康状况不良。营养：主要是缺维生素 A、维生素 B_2、维生素 E、维生素 K 和生物素。疾病：感染白痢，伤寒；种蛋贮存时间过长，保存温度过高或受冻；种蛋熏蒸消毒不当；孵化前期温度过高或过低；种蛋运输时受剧烈震动；种蛋受污染；翻蛋不足。

2）中期死亡。种鸡的营养水平及健康状况不良。营养：维

生素 B_2 或硒缺乏症，维生素缺乏时多出现水肿现象。疾病：感染白痢、伤寒、副伤寒、沙门氏菌、传染性支气管炎等。孵化：污蛋未消毒，孵化温度过高，通风不良。

3）后期死亡。种鸡的营养水平差，如缺乏维生素 B_{12}、维生素 D_3、维生素 E、叶酸或泛酸、钙、磷、锰、锌或硒；蛋贮放太久；细菌污染。小头朝上孵化；翻蛋次数不够；温度、湿度不当；通风不足；转蛋时种蛋受寒；细菌污染。

4）啄壳后死亡。若洞口多黏液，主要是高温高湿；出雏期通风不良；在胚胎利用蛋白时遇到高温，蛋白未吸收完，尿囊合拢不良，卵黄未进入腹腔；移盘时温度骤降；种鸡健康状况不良；小头朝上孵化；头两周内未翻蛋；翻蛋时将蛋碰裂，第 18~21 天孵化温度过高，湿度过低。

5）已啄壳但雏鸡无力出壳。种蛋贮放太久；入蛋时小头朝上；孵化器内温度太高或湿度太低或翻蛋次数不够；种鸡饲料中维生素或微量矿物质不足。

6）温度偏低。孵化温度偏低，将延长种蛋的孵化时间，胚胎发育迟缓，气室偏小，胚胎死亡率相应增加，初生雏鸡质量下降。解剖死胚主要特征为全身贫血、胚膜和内壳膜粘连、尿囊充血、心脏肥大、卵黄呈绿色、残留胶状蛋白等，与一般条件下相比，温度不足是较多和较明显地见到：头部皮下和颈部肌肉水肿，在许多情况下，有类似血肿的明显出血，在切开皮肤时，可见皮下有黏液的集聚。小鸡表现为：脐带愈合不好，体弱、站不稳、腹部膨大，在蛋壳中常见有残留未被利用的蛋白和胎粪。在孵化的任何日龄对胚蛋长久和强烈低温时，胚胎会进入特殊的假死状态，最终死亡。低温时对胚胎发育的影响与胚龄、持续时间和温度降低的程度密切相关，胚龄越小影响越大，持续时间越长影响越大。

7）温度偏高。孵化温度偏高，在尿囊合拢之前的孵化温度

偏高能促进胚胎的生长和发育，但在尿囊合拢之后的高温会抑制胚胎的生长和发育。当孵化温度超过42℃，胚胎在2~3小时内死亡，如头两天孵化温度过高，在第5~6天出现粘壳胚蛋较多，畸形增多；在第3~5天孵化温度过高，尿囊“合拢”提前；在长久的过热条件下，幼雏的啄壳和出壳提前开始，有时可提前到第18天龄，但出壳不整齐，出雏时间要拖长；若短期强烈温度偏高，尿囊合拢提前，尿囊血液呈暗黑色，解剖19天胚龄后的胚蛋可见为皮肤、肝、脑和肾有点状出血，胚胎的错位增多，多为头弯在左翅下或两腿间。在孵化后期长时间温度偏高时，将使幼雏收脐未完全已出壳，出雏较早但出雏持续时间延长，破壳后死亡多，解剖可见卵黄囊大而未被吸入腹腔，剩余尚未被利用的黏稠的蛋白，色浅黄，头和足位置不正，皮肤、卵黄囊、心脏、肾脏和肠充血，肝多呈暗红色，充满血液。温度偏高所孵出的雏鸡一般表现为体型瘦小，许多雏鸡脐环扩大，卵黄囊收缩不完全（钉脐）的比例增大。

8）湿度过高。相对湿度过高，胚胎发育迟缓，胚蛋失重不足（1~18天正常失重率为10.3%~13.5%）。常见现象有胚蛋气室小、尿囊合拢迟缓、雏鸡精神不振、腹部膨胀、绒毛较长、脐部愈合不良，很多雏禽陆续死亡于出壳后一周之内。闷死在蛋壳里的幼雏，黏液包裹着幼雏的喙或从啄壳部位溢出，并迅速干涸，从而使胚胎窒息死亡，或啄和头部绒毛与蛋壳粘连，使雏禽头部不能活动。啄壳时洞口黏液多、喙粘在壳上，剖解常见蛋中仍存留有羊水、尿囊液和未被利用的蛋白，卵黄呈绿色，胃、肠充满黏性的液体。

9）湿度过低。相对湿度过低时，胚胎生长发育稍加快，出壳时间提前，胚胎死亡率与相对湿度偏低的程度呈负相关，相对湿度越低，胚胎死亡率越高。蛋内水分蒸发过快，气室增大，啄壳部往往在靠近禽蛋的中央处（正常为1/3处），雏鸡表现为体型瘦小，绒毛较短且干燥无光泽、发黄、有时粘壳，这些症状和过热的结果相似。剖解死胚可见羊水完全消失，绒毛干燥，卵黄黏滞。此外，由于缺少羊水的润滑作用，雏禽难以围绕蛋的纵轴翻转，小雏难以破壳出来，以使助产增多，在这样的情况下啄壳会导致尚未萎缩的尿囊血管机械性损伤而出血，常见蛋壳干燥，有出血的痕迹。

10）通风不良。在孵化过程中，胚胎发育要不断进行气体交换，吸入氧气和排出二氧化碳气体。当孵化机内含氧量低于21%时，每降低1%的含氧量，孵化率将降低5%左右。含氧量高于21%，也会降低孵化率。若出现机内二氧化碳含量高于0.5%（应保持在0.2%左右）时，将对孵化率产生影响；高于2%，孵化率急剧下降；超过5%时，孵化率为零。通风换气、温度和湿度三者有密切的关系，通风换气增大时，温度、湿度均降低；通风换气不良时，机内外空气不流通，湿度增高；当环境温度增高时，易出现超温、冷却频繁，对温度场均匀性有影响。通风换气与胚胎二者之间也有密切的关系，在孵化过程中，胚胎除了与外界不断进行气体交换外，还不断与外界进行热能交换。尤其孵化后期，胚胎代谢热随胚龄不断增大，如果热量散不出去，机内集温过高，将严重影响胚胎正常发育，以至引起胚胎死亡率加大。例如，入孵第19天产生的热量是第4天的230倍左右。因此，在孵化过程中，一定要做好室内和孵化器的通风换气。通风不良主要导致胚胎发生氧饥饿，当胚胎在严重氧饥饿条件下呼吸停止和二氧化碳在体内的积聚。低浓度氧气对胚胎死亡率的影响：作用时的胚龄越大，死亡率越高，作用时间越久，死亡率越高。解剖常见胎位异常增多，足盘在头颈部上面，啄壳部位多在中腰线或小头啄壳，羊水中有血液，内脏充血、尿囊血管充满血液，皮肤和其他器官充血、出血与急性过热相似。雏鸡出壳不集中，雏鸡不能站立。

11）翻蛋不正常和翻蛋不够。翻蛋不正常和翻蛋不够，蛋黄粘于壳膜上，合拢时尿囊不能包围蛋白，到后期影响蛋白的吸收，翻蛋不够多表现为产生更多的缺陷鸡如跛脚、蛋白吸收不良等；早期的死亡增多如后期翻蛋过多，同样会增加胚蛋的死亡率。

前期鸡胚死亡的主要原因是种蛋不好和内源性感染，中期主要是营养不良，后期主要是孵化条件不良所致。养殖户应对症下药，加强管理，积极预防，以取得最大的经济效益。

第四章　土鸡生态放养场地的选择与设施建造

第一节　放养场地的选择与建设

一、放养场地的选择

（一）选址原则

放养土鸡首先要考虑放养场地的选择问题，而选择场地又必须根据土鸡的生理习性和放养规模而定。前面已经说过，土鸡放养场地要选择高燥、干爽、排水良好的缓坡或荒坡。除此之外，还要遵循如下几项原则：

1. 有利于防疫　养鸡场地不宜选择在人口密集的居民住宅区或工厂集中地，不宜选择在交通来往频繁的地方，不宜选择在畜禽贸易场所附近；宜选择在较偏远而车辆又能达到的地方。这样的地方不易受疫病传染，有利于防疫。

2. 放养场地内要有遮阴　场地内宜有翠竹、绿树遮阴及草地，以利于鸡只活动。

3. 场地要有水源和电源　鸡场需要用水和用电，故必须要有水源和电源。水源最好为自来水，如无自来水，则要选在地下水资源丰富、适合于打井的地方，而且水质要符合卫生要求。

4. 场地范围内要圈得住　场地内要独立自成封闭体系（用竹子或用砖砌围墙围住），以防止外人随便进入，防止外界畜禽

随便进入。

5. 有丰富的可食饲料资源　放养场地丰富的饲料资源如昆虫、野草、牧草、野菜等会保证土鸡自然饲料不断，如果场地牧草不多或不够丰富，可以进行人工种植或从别处收割来给鸡补饲。

（二）自然环境

1. 荒坡林地及丘陵山地　荒坡林地及荒山地中牧草和动物蛋白质饲料资源丰富，场所宽敞，空气新鲜，环境幽雅，适宜土鸡生态放养。

放养时要充分发挥林地的有利条件：一是鸡觅食林中的虫、草，排泄的粪便增加地力，促进林木生长，减少化肥开支和污染。同时，树林密集的树冠，为鸡的生活提供了遮阴避暑、防风避雨的环境，鸡在林丛中觅食，还可躲避老鹰的侵袭。二是在林地活动范围大，抗病力增强，平时管理上很少用药，生产出来的鸡蛋、鸡肉无药物残留。三是林地中优质饲料多。除了丰富的可食牧草外，春季有金龟子、红蜘蛛、象甲、行军虫、枣尺蠖等；夏、秋季节有蚂蚱、蟋蟀、毛虫、蜘蛛、食心虫、蚯蚓等；冬前有快入土和已入土的成虫、幼虫、虫卵、蛹茧等。林地放养为土鸡提供了丰富的营养，可节约饲料 10%，降低饲料成本 10%～20%。

林地的选择对于养好鸡有着十分重要的作用。不同用途的林地，在选择时要有所侧重。一般林地以中成林，最好选择林冠较稀疏、冠层较高，树林荫蔽度在 70%左右，透光和通气性能较好，且林地杂草和昆虫较丰富的成林较为理想。树林枝叶过于茂密、遮阴度大的林地透光效果不好，不利于鸡的生长。

荒山林地最好是灌木丛、荆棘林或阔叶林等，土质以沙壤土为佳，若是黏质土壤，在放养区应设立一块沙地。附近最好有小溪、池塘等清洁水源。鸡舍建在向阳南坡上。

林间隙地可以种植苜蓿等饲草。据试验，在鸡日粮中加入3%~5%的苜蓿粉不但能使蛋黄颜色更黄，还能降低鸡蛋胆固醇含量。

2. 果园 危害果树的病虫害种类繁多，每年由于气候条件不同，病虫害发生的种类和时期不尽相同。在一年的生长过程中，果树经过萌芽、展叶、抽梢、开花、结果和休眠等阶段，各阶段发生的病虫害种类、数量和危害方式也不同。果树的害虫和农作物、林木、蔬菜害虫一样，大多属于昆虫的一部分，一生要经过卵、幼虫、蛹、成虫 4 个虫期的变化，如各种食心虫、天牛、吉丁虫、形毛虫、星毛虫等。过去多采用喷药、刮老皮、剪虫枝、拾落果、捕杀、涂白等烦琐的方法防治。

果园放养土鸡可捕食这些害虫。在昆虫发育的各个阶段若被土鸡发现，都能作为饲料被鸡采食。同时，通过灯光诱虫喂鸡，可明显减少果树虫害，降低农药使用量，减少农药残留，改善生态环境。由于在果园中放养的鸡捕食肉类害虫，蛋白质、脂肪供应充分，所以生产迅速，较农家庭院饲养生长速度快 33%，日产蛋量多 18%，而且节约饲料成本达 60%以上。

在果园选择上，以干果、主干略高的果树和使用农药较少的果园地为佳。最理想的是核桃园、枣园、柿园和桑园等，并且要求排水良好。这些果树主干较高，果实结果部位亦高，果实未成熟前坚硬，不易被鸡啄食。其次为山楂园，因山楂果实坚硬，全年除 1~2 次用药杀灭食心虫外，很少用药。在苹果园、梨园、杏园养鸡，放养期应躲过用药和采收期，以减少药害及鸡对果实的伤害；也可以在用药期临时用隔网分区喷药，分区放养。同时，苹果、桃、梨等鲜果林地在挂果期会有部分果子自然落果后腐烂，鸡吃后易引起中毒，因此，要及时捡起落果，防止被鸡啄食。

3. 冬闲田 选择远离村庄、交通便利、排水性能良好的冬

闲田，利用木桩做支撑架，搭成2米高的“人”字形屋架，周围用塑料布包裹，屋顶加油毡，地面铺上稻草，也可以放养土鸡。

（三）社会环境

社会环境主要是考虑水电、交通和周围环境等。场内要有三相电源，供电稳定，最好有双路供电条件或自备发电机。放养鸡场要选在交通便利，离城市有一定距离的近郊，能保证货物的正常运输，但应远离交通主干线。距交通干道不少于1千米，距一般公路50米以上，距居民区500米以上，距其他养殖场不少于5千米。场地范围内要独立自成封闭体系，以防止外人随便进入，这样不易受疫病传染，有利于防疫。要特别注意附近是否有畜牧兽医站、畜牧场、集贸市场、屠宰场，以及与拟放养土鸡场地的方位关系、隔离条件的好坏等，应远离上述污染源，以满足卫生防疫的要求。选择放养场地时应遵守社会公共卫生准则，其污物、污水不得成为周围社会环境的污染源。

二、搭建围网

为了预防兽害和鸡只走失，或为了划区轮牧、预防农药中毒，放养区周围或轮牧区间应设置围栏护网，尤其是果园、农田、林地等分属于不同农户管理的放养地。如不设置围网，将增加管理难度，鸡只容易造成兽害或与邻居产生矛盾。在山场和草场等面积较广阔的放养地，可不设围网，采用移动鸡舍实施分区轮牧。

放养区围网可用1.5～2米高的铁丝网（图4-1）或尼龙网（图4-2），每隔8～10米设置一根垂直稳固于地基的木桩、水泥桩或金属管立柱。将铁丝网或尼龙网固定在立柱上，人员出入口处设置宽能进出车辆的门一个。放养鸡舍（棚）前活动场周围设2米高的铁丝或尼龙丝防护网，并与鸡舍（棚）相连，用于夜间护鸡。

图 4-1　铁丝网围栏

图 4-2　尼龙网围栏

三、建造鸡舍或简易“避难所”

为了提供傍晚补料、防风避雨、夜晚休息、避敌避害的场所，以及便于管理，需要为放养鸡建造鸡舍。如果没有鸡舍，放养鸡会四处为家，到处产蛋，并且易受野兽侵害。如遇风暴急雨损失严重，也不便于补饲和防疫管理。鸡舍可以为放养鸡提供安全的休息场地，驯化好的放养鸡傍晚会自动回到鸡舍采食补料，夜晚进舍休息，方便捕捉及预防接种疫苗。因此，必须根据不同阶段土鸡的生活习性，搭建合适的简易型鸡舍或简易“避难所”。

（一）简易型棚舍

简易型鸡舍要求能挡风、不漏雨、不积水即可，材料、形式和规格因地制宜，不拘一格，但需避风、向阳、防水、地势较高，面积按每平方米能容纳 12 只鸡搭建，每个鸡舍的大小以容纳成年土鸡 100～150 只为宜。多点设棚，内设栖息架，鸡舍周围放置足够的喂料和饮水设备，其配置情况与固定式鸡舍相同。

（二）普通型鸡舍

普通型鸡舍要求防暑保温，背风向阳，光照充足，布列均匀，便于卫生防疫。内设栖息架，舍内及周围放置足够的喂料和饮水设备，使用料槽和水槽时，每只鸡的料位为 10 厘米，水位

为 5 厘米；也可按照每 30 只鸡配置 1 个直径 30 厘米的料桶，每 50 只鸡配置 1 个直径 20 厘米的饮水器。

在建筑结构上采用比较简单的方法，修建成斜坡式的顶棚，坡面向南，北面砌一道 2 米高的墙，东西两侧可留较大的窗户，南侧可用尼龙网或者铁丝，但必须留大的窗户，面积以 16 平方米为宜。这种鸡舍通风效果好，可以充分利用阳光；保暖性能良好，南方、北方都适用。这种鸡舍配有较大的运动场，可以建在果园里采用半开放式，鸡既可吃果园中的昆虫及杂草，还可以为果园施肥；既有利于防病，又有利于鸡的觅食。放牧场地可设沙坑，让鸡洗沙浴。

（三）塑料大棚鸡舍

塑料大棚鸡舍就是用塑料薄膜把鸡舍的露天部分罩上，利用塑料薄膜的良好透光性和密封性，将太阳能辐射和机体自身散发的能量保存下来，从而提高了棚舍内温度，它能人为创造适合鸡生长的小气候，减少鸡舍不合理的热能消耗，降低鸡的维持需要，从而使更多的养分供给生产。

塑料大棚鸡舍的建造，一般棚内左侧、右侧和后侧为墙壁，前坡是用竹条、木杆和钢筋做成的拱形支架，外覆塑料薄膜，搭成三面为围墙、一面为塑料薄膜的起脊式鸡舍。墙壁建成夹层，可增强防寒、保温能力，内径在 10 厘米左右，建墙所需的原料是土或砖、石。后坡可用油毡、稻草、泥土等按常规建造，外面再铺一层稻草等物。一般来说，鸡舍的后墙高 1.2~1.5 米，脊高 2.2~2.5 米，跨度为 6 米，脊到后墙的垂直距离为 4 米。塑料薄膜与地面、墙的接触处，要用泥土压实，防止贼风进入。在薄膜上每隔 50 厘米用绳将薄膜捆牢，防止大风将薄膜刮掉。棚舍内地面可用砖垫高 30~40 厘米。棚舍内的南部要设置排水沟，及时排出薄膜表面滴漏的水。棚舍的北墙每隔 3 米设置一个 1 米×0.8 米的窗户，在冬季封寒，夏季时逐渐打开。门应设在棚舍的东侧，向外开，棚舍要设置照明设施。内设栖息架，舍内及周围放置足够的喂料和饮水设备。

（四）封闭式鸡舍

封闭鸡舍一般是用隔热性能好的材料构造房顶与四壁，不设窗户。只有带拐弯的进气孔和出气孔，舍内小气候通过各种调节设备控制。这种鸡舍的优点是减少了外界环境对鸡群的影响，有利于采取先进的饲养管理技术和防疫措施，饲养密度大，鸡群生产性能稳定。

（五）开放式网上平养无过道鸡舍

这种鸡舍适用于土鸡育雏。鸡舍的跨度为6~8米，南北墙设窗户。南窗高1.5米，宽1.6米；北窗高1.5米，宽1米。舍内用金属铁丝隔离成小自然间。每一自然间设有小门，供饲养员出入及饲养操作。小门的位置依鸡舍跨度而定，跨度小的设在鸡舍内南或北一侧，跨度大的设在中间，小门的宽度约1.2米。在离地面70厘米高处架设网片。

（六）利用旧设施改造的鸡舍

利用农舍、库房等其他设备改建鸡舍，达到综合利用，可以降低成本。但必须做到通风、保温。一般旧的农舍较矮，窗户小，通风性能差，改建时应将窗户改大，或在北墙开窗，增加通风和采光。舍内要保持干燥。旧的房屋低洼，湿度大，改建时要用石灰、泥土和煤渣打成三合土垫在室内，在舍外开排水沟。

（七）搭建临时“避难所”

在放牧场地里，人工搭建一些简单棚架，充当鸡的“避难所”（图4-3），可以让鸡在遇到雨雪、大风，或当鸡感到恐惧时在这里临时躲避。

图 4-3　放养土鸡的临时“避难所”

第二节　土鸡生态放养草地的建植

土鸡放牧饲养最好种植营养丰富且鸡的适口性好的豆科牧草或禾本科牧草，这些牧草中富有蛋白质和钙质，具有根瘤，能改良土壤结构和提高土壤肥力。

一、牧草品种的选择

林草立体群落结合可以达到地上光能高效利用、地下土壤养分充分吸收的目的；幼林期种植牧草，既可避免土地浪费，防止水土流失，又可收获牧草。牧草以多年生为好，避免每年播种，同时要求分枝分蘖多，再生性强，适应性强，适口性好。适用草种有豆科的三叶草、紫花苜蓿、百脉根，禾本科的鸭茅、无芒雀麦、黑麦草、早熟禾等。

二、放牧草地的建植与使用

放牧草地的建植应考虑鸡的食性、耐践踏和持久性，可采用豆科牧草60%，禾本科牧草40%的混播方式。适宜的豆科牧草有三叶草、紫花苜蓿、百脉根，禾本科牧草有黑麦草等。播种量豆科牧草8千克/公顷（注：1公顷=10 000平方米），禾本科5千克/公顷。

放牧放养鸡应进行分区轮牧，以合理利用牧草和减少对草地的破坏。将放牧草地划块，气候和雨水好，牧草生长快时，20天左右轮牧一次；牧草生长差时，30天左右轮牧一次。

三、几种主要牧草的播种方法

1. 紫花苜蓿 又名紫苜蓿、苜蓿、苜蓿草，为苜蓿属多年生草本植物。根系发达，种植当年可达1米以上，多年后达10~30米。茎秆斜上或直立，株高60~100厘米。小3叶，花成簇状。因根系强大、入土深，对干旱的忍耐性很强。但高温或降雨过多（100厘米以上）对其生长不利，持续燥热潮湿会引起烂根死亡。它富含蛋白质和矿物质，胡萝卜素和维生素K的含量较高。蛋白质含量是干物质的17%~23%，以20%计，亩产1 500千克干草（始花期）。播种紫花苜蓿采取条播、撒播和穴播均可。播种量一般每667米^2 0.5~1.5千克，条播行距20~30厘米，播深以2~4厘米为宜，浅翻土，轻镇压（如在紧实土地上播种，播深以1~3厘米为宜）。

2. 沙打旺 又名麻豆秧、沙大王、斜茎黄芪、直立黄芪。主根粗壮，侧根发达，并有大量根瘤。茎高1.5~2米，丛生。其抗逆性强，适应性广，具有抗寒、耐瘠、耐盐、抗旱和抗风沙的能力，能忍受最低气温为-30℃。其粗蛋白占干物质的15%~16%，饲用价值仅次于苜蓿。种植沙打旺结合耕翻施用有机肥和磷肥可提高产草量及种子产量。沙打旺营养生长期长，比同期播种的紫花苜蓿营养期长1~1.5月，植株高大，叶量丰富，占总量的30%~40%，产草量也高于一般牧草。种植2~4年，亩产鲜

草 2 000~6 000 千克。春播、夏播、秋播均可。一般在 6 月初至 7 月中旬，秋播不迟于 8 月初。一般采用条播，行距 30 厘米，覆土 1~2 厘米，镇压。荒地飞播前要浅耕或重耙。播种量为每 667 米^2 0.3~0.5 千克。飞播最好与草木樨、沙蒿、羊柴、柠条混播。

3. 白花草木樨　又名白香草木樨、白甜车轴草，是草木樨属二年生草本植物。茎直立，株高 1~3 米，多分枝，含香素，全株具有香味，三出复叶，有锯齿。花小，白色，为细长而稀疏的总状花序。荚果小，每荚含一粒种子。适宜在湿润和半干燥气候地区生长，耐瘠薄，不适用于酸性土壤，最喜 pH 值 7~9 的土壤。耐盐碱，抗寒、抗旱能力都很强。它是蛋白质、脂肪、无氮浸出物等较高的饲草。白花草木樨苗期生长缓慢，需深耕细耙，整地精细。磷、钾同时施用对其增产有显著作用。白花草木樨春、夏、秋均可播种。春播每年可刈割两次，亩产鲜草 1 500~2 000千克。单种，条播行距 30~50 厘米，播种量每 667 米^2 1~1.5 千克；密行条播行距 7.5~15 厘米，播种量每 667 米^2 2~2.5 千克。与玉米、葵花和高粱等宽行高大作物间种，可与作物同期播种，也可推后。这样白花草木樨亩产鲜草 1 000~1 500 千克，葵花亩产 50~200 千克。套种，占地不大，不影响粮食生产，而且还能增产饲料，提高地力。复种，小麦等粮食作物收获后，复种草木樨能获得较高产量并提高地力，使后作增产。因白花草木樨生长快、年限短，是一种良好的混播草种。与禾本科牧草混播，能相互促进，增强生长，提高产量和品质。

4. 柠条　学名小叶锦鸡儿，别名柠条、连针。为落叶灌木，叶簇生或互生，偶数羽状复叶。其株高在 150~300 厘米以上，树皮金黄色。柠条是良好的饲用植物，它枝叶茂盛，营养价值高，含粗蛋白 22.9%、粗脂肪 4.9%、粗纤维 27.8%；种子中含蛋白质 27.4%、粗脂肪 12.8%、无氮浸出物 31.6%。它根系发达，是保持水土、防风固沙的优良品种。柠条是干草原和荒漠草原沙生旱生灌木，极耐干旱、寒冷和贫瘠。不怕风沙，在沙地生长良好，在-32℃环境中能安全越冬。种植柠条的关键在于抓苗，对土壤水分、播种时间和田间管理都有严格要求。土壤水分在10%以上时，旱直播才能抓好苗。水分充足，温度高，有利于萌芽出苗。当年停止生长前高达8~10厘米能安全越冬。北方不利于8月上旬播种，多在6~7月的雨季进行旱直播。播种时播深3厘米（过深影响出苗），播种量为每667米^2 0.7~1千克，一般情况下150丛/667米^2。柠条返青早，生育期长，播种第一年的柠条地上部分生长缓慢，第二年生长加快。第三、四年开花结实。种子产量15~20千克/667米^2，种子寿命约3年。

第三节　土鸡育雏工具与辅助喂养设备

一、热风炉及煤炉

热风炉及煤炉多用于地面育雏或笼育雏时室内加温，保温性能较好的育雏室每15~25平方米放1只煤炉。

二、保姆伞及围栏

保姆伞有折叠式和不折叠式两种。不折叠式又分方形、长方形及圆形等。伞内热源有红外线灯、电热丝、煤气燃烧等，采用自动调节温度装置。折叠式保姆伞适用于网上育雏和地面育雏。伞内用陶瓷远红外线加热，伞上装有自动控温装置，省电，输出效率较高。不折叠式方形保姆伞，长宽各为1~1.1米，高70厘米，向上倾斜呈45°，一般可用于250~300只雏鸡的保温。一般在保姆伞的外围还要加围栏，以防止雏鸡远离热源而受冷，热源离围栏75~90厘米。雏鸡3日龄后围栏逐渐向外扩大，10日龄后撤离。

三、红外线灯

红外线灯分有亮光的和无亮光的两种。生产中用的大部分是有亮光的，每只红外线灯为250~500瓦，灯泡悬挂距离地面40~60厘米，可根据育雏的需要进行调整。通常3~4只灯泡为一组轮流使用，每只灯泡可以保温100~150只雏鸡。料槽与饮水器不宜放在灯下。

四、饮水器

饮水器多由顶圆筒和直径比圆筒略大的底盘构成。圆筒顶部和侧壁不漏气，基部离底盘高2.5厘米处开1~2个小圆孔。使用时，先使桶顶朝下，水装至圆孔处，然后扣上底盘反转过来。这种饮水器构造简单，使用方便，便于清洗消毒。它可以用镀锌铁皮、塑料等材料制成V字形或者U字形水槽，前者都用镀锌铁皮制成，但使用寿命短，容易腐蚀。也可以用大口玻璃瓶等制作，取材方便，容易推广。现在多用塑料制成的吊塔式饮水器，不仅解决了上述问题，且使用方便，便于清洗，寿命长。

乳头式自动饮水器是由阀芯与触杆组成，直接同水管相连，由于毛细管的作用，触杆端部经常悬着一滴水，鸡需要饮水时，只要啄动触杆，水即流出。鸡饮水完毕，触杆将水路封住，水即停止外流。这种饮水器安装在鸡头上方处，让鸡抬头喝水。安装时要随鸡的大小改变高度，可以安装在鸡笼内，也可以安装在鸡笼外。

五、断喙器

断喙器型号较多，用法不尽相同。采用红热烧切，既断喙又止血，断喙效果好。该断喙器主要由调温器、变压器与上刀片、下刀口组成。它用变压器将200伏交流电压变成低压大电流，使得刀片的工作温度在820℃以上，刀片的红热时间不超过30秒，消耗功率在70~140瓦，输出功率可以调节，以适应不同日龄雏鸡断喙的需要。

六、饲槽

饲槽是养鸡的一种重要设备，因鸡的大小、饲养方式不同对饲槽的要求也不同，但无论哪种类型的饲槽，均要求平整光滑，采食方便，不浪费饲料，便于清刷消毒。制作材料可选用木板、镀锌铁皮及硬质塑料等。开食盘，用于1周龄前的雏鸡，大都是由塑料和镀锌铁皮制成。船形饲槽多在平养与笼养时普遍使用，长度依据鸡笼而定。在平面放养的条件下，饲槽的长度为1~1.5米，为防止鸡踏入槽内将饲料弄脏，可以在槽上安上转动的横梁。干粉料桶，包括一个无底圆桶和一个直径比圆桶略大的短链相连，可以调节桶与底盘之间的距离。

七、鸡笼

（一）产蛋鸡笼

笼架是承受笼体的支架，由横梁和斜撑组成。笼体是由冷拔钢丝电焊而成，包括顶网、低网、前网、后网、隔网和笼门。一般前网和顶网压制在一起，后网和低网压制在一起，隔网为单片网，笼门作为前网或顶网的一部分，有的可以取下，有的可以上翻。笼底网要有一定的坡度，一般为6°~10°，伸出笼外12~16厘米，形成集蛋箱。附属设备护蛋板为一条镀锌薄铁皮，置于笼内前下方，鸡头可以伸出笼外啄食。

（二）育成鸡笼

育成鸡笼又称青年鸡笼，主要用于青年母鸡，一般采取群体饲养。其笼体组合方式多采用3~4层半阶梯式或单层平置式。笼体由前网、后网、顶网、底网和隔网组成；每个大笼隔成2~3

个大小不等的小笼，笼体高为 30~35 厘米，笼深为 45~50 厘米，大笼长度一般不超过 2 米。

（三）育雏设施

育雏前要准备好保温设备、饲槽、饮水器、水桶、料桶、温湿度计、扫帚、清粪工具、消毒用具；另外根据实际情况添置需要的用具。若是笼养育雏，还要准备专用的育雏笼（图 4-4、图 4-5）。针对农村土鸡养殖，育雏笼也可就地取材自制，便于雏鸡采食、饮水和饲养人员管理操作即可。

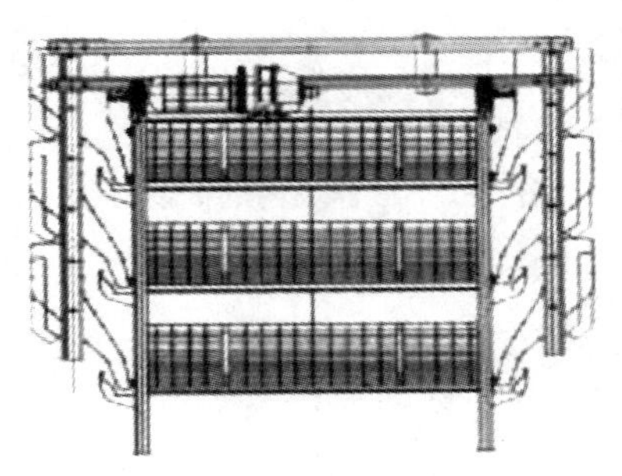

图 4-4　层叠式育雏笼

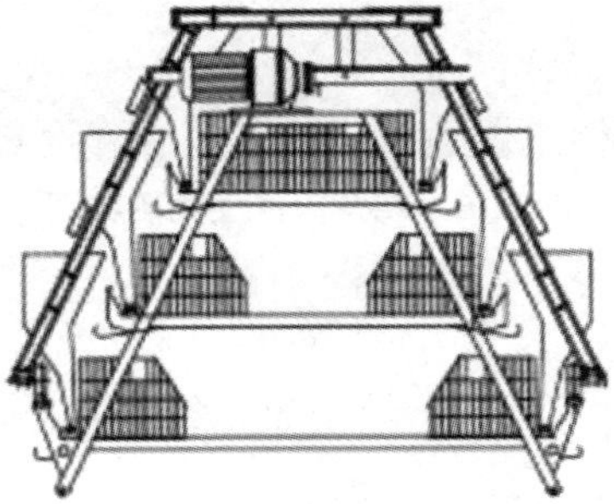

图 4-5　三层阶梯式育雏笼

（四）种鸡笼

种鸡笼多采用两层半阶梯式或平层式，适用于种鸡自然交配的群体笼。前网高度为 72~73 厘米，中间不设隔网，笼中公、母鸡按一定比例混养。适用于种鸡人工授精的鸡笼分为公鸡笼和母鸡笼，母鸡笼的结构与产蛋鸡笼相同。公鸡笼中没有板底网，没有滚蛋角和滚蛋间隙，其余结构与产蛋鸡笼相同。

八、栖架

鸡有高栖过夜的习性，每到天黑之前，总想在鸡舍内找个高处栖息。假设没有栖架，个别的鸡会飞在高处过夜，多数拥挤在一角栖伏在地面上，对鸡的健康不利。由此，在舍内后部应设有栖架。栖架主要有两种形式：一种是将栖架做成梯子形靠立在鸡舍内，叫立式栖架（图 4-6）；另一种将栖架钉在墙壁上，也可以在放养场内设立简易栖架（图 4-7）。

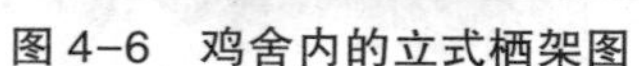
图 4-6　鸡舍内的立式栖架图

图 4-7　放养场内的简易栖架

第五章　生态放养土鸡的营养需求与补充全价日粮配制

第一节　土鸡的消化特点

土鸡和其他鸡一样，有其特殊的消化器官。消化系统由口腔、食道、嗉囊、腺胃、肌胃、小肠、大肠和泄殖腔组成（图5-1）。

1. 喙　鸡没有牙齿，但有坚硬的喙和贮存食物的嗉囊；有一个腺胃和一个肌胃。

2. 口　没有嘴唇、软腭、面颊和牙齿，饮水时不能将水吸入口中，没有吞咽动作，必须抬起头使水借助重力流入食道。口中的腺体可分泌带淀粉酶的唾液，但是食物在口中的通过速度很快，所以食物在口腔内发生消化的机会很小。

3. 嗉囊　作用是贮存食物，嗉囊没有消化功能，但口腔分泌的唾液可在嗉囊继续对食物进行消化。

4. 腺胃　腺胃也称真胃或前胃。腺胃中的腺细胞呈突起状，也称腺胃乳头。腺细胞分泌的胃液中含有消化蛋白质的胃蛋白酶及盐酸，消化液通过腺胃乳头的小孔进入腺胃。由于食物通过腺胃的速度较快，所以食物在腺胃中的消化量很少。胃液中的酶可以在食物进入肌胃后发生消化作用。

5. 肌胃　肌胃也称砂囊，内有很厚的黏膜，有两对强有力的肌肉能发出强大的力量，对食物起到磨碎的作用。

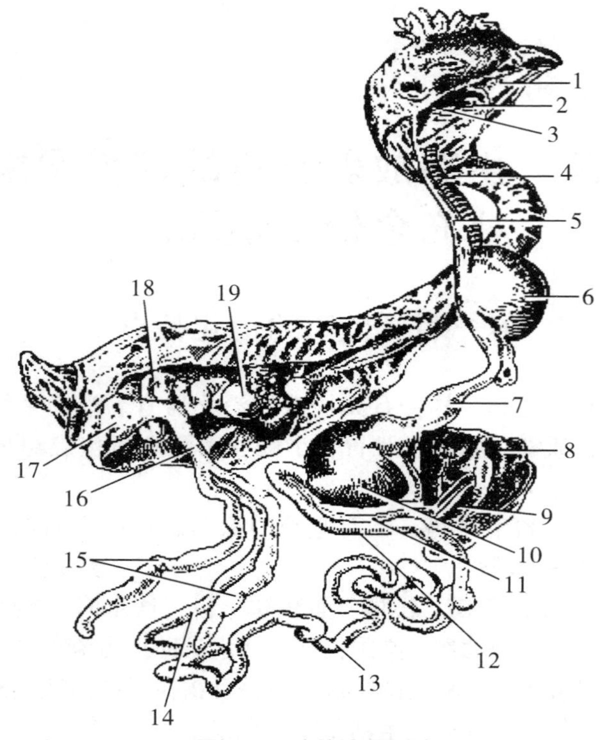

图 5-1　鸡的消化系统

1. 口腔　2. 喉　3. 咽　4. 气管　5. 食管　6. 嗉囊　7. 腺胃　8. 肝
9. 胆囊　10. 肌胃　11. 胰　12. 十二指肠　13. 空肠　14. 回肠　15. 盲肠
16. 直肠　17. 泄殖腔　18. 输卵管　19. 卵巢

6. 肠道　鸡的肠道很短，饲料消化利用很不完全。小肠壁可以分泌少量酶对蛋白质和糖类进行消化。盲肠的确切作用还不十分清楚，不过对食物的消化作用不大。盲肠内有一些细菌的活动，似乎对鸡的免疫力有关。大肠的作用是重新吸收水分以增加鸡体细胞中的含水量和保持体内水平衡。

7. 泄殖腔　泄殖腔是消化道、尿道和生殖道的公共出口。

8. 肝脏　分两大叶，其功能之一是分泌胆汁。胆汁是含胆汁酸的黄绿色液体，胆汁进入十二指肠的下段，主要帮助消化脂肪。胆汁内不含消化酶，其主要作用是中和食糜的酸性并使脂肪乳化，从而促进其消化。

第二节　生态放养土鸡的营养需求

鸡的营养需求主要包括蛋白质、脂肪、碳水化合物、维生素、矿物质、水等。土鸡放养时，无论是天然饲料还是人工补料，对这些营养成分都是必需的。

一、蛋白质和氨基酸

蛋白质是土鸡生命活动中不可缺少的物质，是细胞的重要组成部分，也是体内功能物质的主要成分。蛋白质还可以转化为糖类和脂肪，为机体提供或者贮存能量。蛋白质是由氨基酸组成的，氨基酸的主要元素是碳、氧、氢、氮。一般测定饲料中蛋白质的含量都是测定饲料中的含氮量，再乘以 6. 25 的系数，就得到蛋白质含量。因为饲料中还有其他的含氮物质，这样测得到的蛋白质又称为粗蛋白。饲料蛋白质被家禽采食后，首先在胃中分解为蛋白胨，进入小肠后被胰蛋白酶和小肠蛋白酶分解为肽，最终分解为各种氨基酸而被吸收。

（一）必需氨基酸

必需氨基酸指机体不能合成或合成量不够土鸡生长生产的需要，必须由饲料供给的氨基酸，包括蛋氨酸、赖氨酸、异亮氨酸、精氨酸、色氨酸、苏氨酸、苯丙氨酸、组氨酸、颉氨酸、亮氨酸、甘氨酸。

（二）非必需氨基酸

非必需氨基酸是指机体能合成的，不必从饲粮供给的氨基酸，即除必需氨基酸以外的其他氨基酸。

在给土鸡配合饲料中除了要提供足够的蛋白质外，还要保证蛋白质中氨基酸含量的合理，也就是说蛋白质中氨基酸的含量与土鸡生长发育所需的氨基酸比例一致。蛋白质过多不仅造成浪费，还有可能使机体功能紊乱，出现中毒；蛋白质含量过低，则容易导致发育迟缓、体重下降，甚至导致死亡。

在生态土鸡的放养中，应注意蛋白质抗营养因子的存在，饲料中的该因子一般在原料加工过程中就消除了，而天然环境中的，需要去除含有抗营养因子的杂草。

二、碳水化合物

碳水化合物是土鸡生长重要的能量来源，它主要是由碳、氢、氧元素组成，包括淀粉、糖类和粗纤维。淀粉和糖是重要的能量来源，还可以作为合成脂肪的原料。粗纤维可以促进胃肠蠕动，缺乏的时候容易引起便秘，过多的时候会降低饲料的营养价值。一般土鸡日粮中的粗纤维含量不能超过5%。

三、脂肪与必需脂肪酸

脂肪是鸡体细胞的重要组成成分，如神经、血液、肌肉、骨骼、皮肤等都含有脂肪，又是鸡蛋的组成成分，约占蛋重的10%。脂肪是脂溶性维生素（维生素A、维生素D、维生素E、维生素K）和激素（雌素酮、雄素酮等）的溶剂，这些维生素和激素只能溶解在脂肪中。所以它在鸡体内的吸收和利用，都要借助于脂肪来完成；脂肪还有固定脏器、防止机械损伤的作用。

鸡可将体内的碳水化合物转化为脂肪，不需要饲料供给，但有些脂肪酸必须由饲料供给，它们体内不能合成，称为必需脂肪酸。亚油酸和亚麻油酸最重要，一般加2%植物油就不会缺乏。

脂肪不足时，会引起生长迟缓、性成熟延后、产蛋率下降

等。相反，脂肪过多则会引起食欲减退、消化不良、下痢等。由于一般饲料中都含有一定数量的粗脂肪，且饲料中的粗蛋白质和碳水化合物还有一部分可转化为脂肪，所以在土鸡饲粮中，一般不另外添加脂肪。

四、矿物质元素

矿物质是土鸡营养中的无机营养素，是鸡骨骼、羽毛、血液等组织不可缺少的部分。一般放牧的时候不容易缺乏，但是假如地方性缺乏，则容易缺，比如缺硒、钴等，需要在饲料中补充。

在土鸡体内含量不小于0.01%的矿物质称为常量元素，包括钙、磷、钠、钾、镁、氯、硫等，含量小于0.01%的矿物质称为微量元素，包括铜、铁、锰、锌、硒、碘、钴等。

（一）钙和磷

钙、磷是鸡需要量最多的两种矿物质元素，二者约占体内矿物质元素总量的70%，它们主要构成骨骼。另外钙还是蛋壳的主要成分，还参与神经传导、肌肉收缩、促进血液凝固等。磷也是构成蛋壳和蛋黄的原料，磷还参与体内能量代谢、钙的吸收利用以及维持酸碱平衡。缺钙、磷时，雏鸡出现生长停滞，逐渐消瘦，容易出现异食癖；成鸡易患佝偻病、软骨病、骨质疏松症，导致产蛋率下降、产薄壳蛋或软壳蛋。

不同生长阶段的鸡对钙、磷的需要量是不同的，一般鸡开始产蛋后对钙、磷的需要量随产蛋率增加而增加，特别是钙。一般产蛋鸡饲粮中，钙的含量为3.0%~4.0%。但也不是含钙量愈多愈好。如超过需要量，则影响鸡对镁、锰、锌等元素的吸收，对鸡的生长发育和生产也不利。钙、磷在贝粉、石粉、骨粉等矿物质饲料中含量丰富，因此，在配合饲粮时，要注意添加含钙、磷量多的矿物质饲料。植物性饲料中的磷，鸡只能利用30%左右。

钙和磷有着密切的关系，在一般情况下，钙、磷的正常比例应为1.2 ：1，产蛋鸡为4∶1或比例更大些。另外，在配合饲粮中，如果饲粮中维生素D缺乏时，会影响钙、磷吸收。即使饲粮中钙、磷充足且比例适当，鸡也会出现一系列缺乏钙、磷的症状。

（二）镁

镁在鸡体主要存在于骨骼中，此外镁还分布于软组织和细胞外液中。镁还参与蛋白质合成，可调节神经和肌肉的兴奋性，又是一些酶类的活化剂。缺乏镁时，鸡生长发育不良。但过多则扰乱钙、磷平衡，导致下痢。在一般情况下，饲粮中应含镁200～600毫克/千克。植物性饲料中镁的含量丰富，一般饲粮中的含镁量可以满足鸡的需要。

（三）硫

鸡体内含硫约为0.15%，它以含硫氨基酸的形式参与羽毛、喙、爪等角质蛋白的合成，还参与碳水化合物代谢。饲料中一般都含有丰富的硫，不需要另外补充饲料。硫缺乏时土鸡出现生长缓慢，羽毛蓬乱，脱羽等。

（四）钾、钠、氯

它们都是体内的电解质，主要作用是：在维持细胞渗透压的稳定和调节酸碱平衡方面、参与水的代谢。此外，钾还参与蛋白质和糖的代谢，并具有促进神经和肌肉兴奋性的作用。缺钾时，鸡则食欲减退、精神萎靡，甚至出现弛缓性瘫痪。一般情况下饲料中含有丰富的钾，可以满足鸡的需要。放养土鸡中应注意适当添加食盐，以补充钠和氯，缺乏容易形成啄癖，过量容易出现食盐中毒。一般添加量为0.3%左右。

（五）铁

铁在机体内以有机化合物形式存在，如血红蛋白、肌红蛋白、细胞色素和多种氧化酶等。铁主要参与氧和二氧化碳的转运，还与鸡体造血功能、羽毛色素的形成及生长发育有着密切关

系。土鸡缺铁时会发生贫血，发育不良，产蛋率下降。一般饲粮中可满足鸡生长需要，含铁 40~80 毫克/千克；若饲粮中缺铜或维生素 B_6，则影响铁的吸收利用，易发生铁缺乏症。

（六）铜

铜主要作为酶的成分参与体内代谢，还参与机体造血过程，促进铁在肠道吸收、血红蛋白合成与红细胞的生成，还参与骨的形成，维持血管弹性等。鸡对铜的需求很少，约 4 毫克/千克饲粮。土鸡雏鸡缺铜时会出现共济失调、骨质疏松、被毛粗乱等症状，成鸡出现贫血、羽毛褪色、瘫痪等。高铜短时间会有促生长作用，但长时间会造成黄疸，甚至死亡。

（七）锌

锌分布在鸡体的肝、肾、肌肉、骨、皮毛等组织中，是鸡体内多种酶类、激素和胰岛素的组成成分。其主要功能是：参与碳水化合物、蛋白质和脂肪的代谢，骨胶原的合成，与胰岛素形成复合物而利于其发挥，与皮肤和羽毛的生长密切相关。一般鸡饲粮应含锌 35~65 毫克/千克，锌在鱼粉、肉骨粉和糠麸中含量较多，一般配合饲料可以满足土鸡生长需要。缺锌时，土鸡表现为生长发育缓慢、羽毛生长不良、诱发皮炎，尤其是趾上出现鳞片，有时出现啄癖。产蛋期鸡产蛋量减少，出现畸形蛋。含锌过多，会影响铁和铜的吸收利用；如果超过需要量的 10 倍以上，可出现中毒反应，鸡生长受阻，免疫力降低，严重的死亡。

（八）锰

锰存在于鸡体内的血液和肝脏及其他组织、骨骼中，锰在鸡体内主要具有抗氧化作用，参与碳水化合物、蛋白质和脂肪的代谢，增加骨的强度。一般鸡饲粮约需要含锰 55 毫克/千克，在谷物、饼类、糠麸、鱼粉等饲料原料中都含锰。但一般满足不了需求量，需要另外添加，在饲料中可添加硫酸锰 242 克/吨。缺锰时鸡容易患骨短粗症或“滑腱症”，表现为胫骨与跖骨接头处肿胀，使腓肠肌腱从骨踝滑出，严重时病鸡不能站立，甚至死亡；成鸡缺锰产蛋量减少，蛋壳变薄，产畸形蛋。鸡对过量的锰有较强的耐受性，据试验超过需求量20倍，短时期无明显中毒现象。

（九）硒

硒存在于鸡体内的肾、肝、肌肉等器官组织的细胞中，硒的主要功能是抗氧化和保护细胞膜不受氧化损伤。还可以影响蛋白质的合成，促进脂类的吸收，增加免疫等。一般饲料约含硒0.1毫克/千克，饲料需要补充硒，特别是在一些缺硒的地区。缺硒时，鸡生长发育受阻，肌肉营养不良，出现明显的白色条纹，俗称“白肌病”，还可以引起鸡免疫力下降、产蛋期产蛋下降。硒的某些作用与维生素E具有交叉性，一般饲料中可添加亚硒酸钠和维生素E。

（十）碘

碘主要存在于鸡体内的甲状腺，并参与甲状腺的合成。一般饲料中约含碘0.3毫克/千克，需要饲料添加。缺碘时会影响甲状腺的合成，出现甲状腺素缺乏症。主要表现为：畏寒，脂肪沉积加快，严重时出现甲状腺肿大。过量时，病鸡易脱毛，易患各种传染病。

（十一）钴

钴存在于鸡体内的肝、肾、骨等组织器官中，是维生素B_{12}的组成成分之一，是鸡生长发育和维持健康不可缺少的元素之一。大多数饲料均含有微量的钴，一般可以满足鸡的营养需要，不需要另外添加。饲粮中缺钴和缺维生素B_{12}症状相同，引起贫血症。

五、维生素

维生素是机体内不可缺少的一种特殊的营养物质，大多数维生素在鸡体内不能合成，需要由饲料提供。维生素都有其特殊的

功能，缺乏会引起不同的症状，过多一般无毒性作用。根据维生素亲水、亲脂不同，维生素可分为水溶性维生素（维生素 B、维生素 C）和脂溶性维生素（维生素 A、维生素 D、维生素 E、维生素 K）两种。

（一）维生素 A

维生素 A 是脂溶性维生素的一种，包括视黄醇、视黄醛、视黄酸等。它是鸡维持视觉功能和维持消化道、呼吸道、肠道等黏膜结构的完整、骨骼生长等所必需的物质。鸡的维生素 A 的最低需要量一般在 1 000~5 000 国际单位，主要来源于动物性饲料中，如鱼肝油等，而植物性饲料如青菜、玉米、胡萝卜等中含维生素 A 原，在鸡体内可转化为维生素 A。维生素 A 缺乏会导致夜盲症，土鸡雏鸡出现精神萎靡、生长迟缓、逐渐消瘦、干眼症、抵抗力下降等症状；成年鸡表现为鸡冠发白，眼、鼻中流出水样分泌物，上下眼睑粘连在一起，严重的引起失明。母鸡产蛋率下降，公鸡出现精液质量下降，种蛋质量下降。维生素 A 过量（超过 50 倍以上）易引起鸡中毒，引起神经症状。维生素 A 在空气中容易被氧化破坏，应注意豆类要炒熟后使用，全价料不宜长久存放，并注意防止霉变。维生素 A 缺乏时可按维生素 A 正常需要量加大 3 倍拌料内服，如鱼肝油、维生素 A、维生素 D_3 等，一般见效比较快。

（二）B 族维生素

B 族维生素属于水溶性维生素，种类广泛，主要包括：

1. 维生素 B_1　维生素 B_1 也叫硫胺素、抗神经炎维生素、抗脚气病维生素，在鸡体内参与乙酰胆碱的合成，参与碳水化合物的代谢。一般饲料中可满足需要，但当饲料中的硫胺素遭到破坏时，可引起缺乏症。缺乏时会引起外周神经紊乱，典型雏鸡症状是头向背后弯曲呈“观星”姿势。还伴有生长发育不良，采食减少，羽毛蓬乱，腿无力，步态不稳。成鸡发病鸡冠常呈蓝紫色，以后逐渐出现神经症状，严重的全身衰竭死亡。

2. 维生素 B_2 维生素 B_2 也叫核黄素，参与能量和蛋白的代谢，参与氧化还原反应。一般动物性饲料和青饲料中含量很高，不容易缺乏，但易被碱、光等因素破坏。缺乏时雏鸡的典型症状为足跟关节肿胀，趾内向弯曲，甚至引起腿完全麻痹、瘫痪（蜷爪麻痹症）；成鸡缺乏时，会引起蛋的品质下降，影响受精率。

3. 维生素 B_6 维生素 B_6 是吡哆醇、吡多醛、吡哆胺的总称，参与氨基酸的合成与代谢，参与碳水化合物和脂肪的代谢。在谷物、豆类、种子外皮中含量比较丰富，雏鸡容易缺乏。缺乏时，会出现发育受阻，脱毛、皮炎，有时有神经症状，成鸡产蛋率下降，孵化率降低。

4. 维生素 B_{12} 维生素 B_{12} 也叫氰钴胺素、钴胺素，在体内参与核酸和蛋白质的生物合成，与维生素 B_{11} 的作用相互联系。一般在动物性饲料和微生物发酵饲料中含量丰富，鸡需要在饲料中补充。缺乏时引起鸡出现贫血，生长发育不良。

（三）维生素 C

维生素 C 又名抗坏血酸，它参与体内氧化还原反应及体内其他代谢，参与合成胶原蛋白，维持细胞间质的正常结构，具有解毒作用和抗氧化作用。一般情况下饲料可以满足体内维生素 C 的需要，但当发生热应激等情况时，需要补充。缺乏时容易患坏血病，伴有生长发育不良，出现水肿等症状。

（四）维生素 D

维生素 D 又名抗佝偻病维生素等，是脂溶性维生素的一种，常见的两种主要形式是麦角钙化醇（即维生素 D_2）和胆钙化醇（即维生素 D_3）。维生素 D 的主要生理功能为调节钙和磷代谢。一般饲料中含维生素 D 较少，干草中含量多，需要饲料补充。维生素 D 缺乏时，雏鸡的成骨作用发生障碍，出现佝偻症和软骨症，伴有发育不良，生长受阻；成鸡发生软骨症，蛋壳变薄，产

蛋率下降。过量的维生素 D 能引起血钙过高，使多余的钙沉积在心脏、血管等地方，导致心力衰竭，甚至死亡。

（五）维生素 E

维生素 E 又名生育酚、抗不育维生素，属于脂溶性维生素，是一种生物抗氧化剂，与硒有协同作用，可以阻止脂肪酸和其他易氧化物的氧比，保护生物膜的完整，维持红细胞和毛细血管的稳定与完整等。维生素 E 还可促进性腺发育，提高鸡的免疫力，提高产蛋率。一般青饲料和谷类饲料富含维生素 E，但应激状态时需要饲料补充。缺乏时，主要引起肌肉发育不良，典型症状为“白肌病”；长期缺乏时，病鸡出现瘫痪和脑软化症，最后心力衰竭而死亡。

（六）维生素 K

维生素 K 又名凝血维生素或抗出血维生素，是脂溶性维生素的一种，其主要生理功能是促进肝脏合成凝血酶和凝血因子，并激活从而参与凝血过程。一般体内可以合成，不需要饲料中添加，但是在鸡断喙的时候需要添加。缺乏会导致血凝不良，出现皮下紫斑；过多会引起贫血。

六、水

水和其他营养物质一样，是土鸡生长发育所不可缺少的物质之一。水是鸡体内良好的溶剂，可以转运和排泄废物；是机体重要组成部分，可以和蛋白形成胶体，维持细胞组织形态；是许多生化反应的介质，如水解、氧化还原反应等；有调节体温和润滑体内各器官的作用。生态养鸡必须保证水的充足供应，并保证水源的卫生良好。缺水时，会导致代谢紊乱，甚至死亡。

第三节　生态放养土鸡的常用补充饲料

放养土鸡的饲料来源非常广泛，分为天然饲料和辅助补饲饲料。天然饲料必须是不施加任何化肥、农药的，如放牧的山坡或果园。种植的补饲饲料也必须按照有机食品生产的要求操作；辅助补饲饲料生产过程中严禁添加各种药物添加剂和生长激素。根据饲料原料的营养特性可以分为三大类：能量饲料、蛋白质饲料、矿物质饲料。

一、能量饲料

能量饲料是指饲料干物质中粗纤维少于18%、粗蛋白少于20%的饲料。主要包括谷实类、糠麸类及富含淀粉的根、茎、瓜果类，还有油脂和糖蜜类及一些外皮较少的草粉籽实类。能量饲料是土鸡能量的主要来源，占日粮比例的50%~80%。

（一）玉米

玉米是最常见的能量饲料，其纤维含量少，适口性强，消化率高，能量高，但蛋白含量比较低。根据《中国饲料成分及营养价值表》（第24版）玉米对鸡的代谢能平均为13.31兆焦/千克，是土鸡的主体能量饲料。玉米中的脂肪含量达3.5%~4.5%，消化率达90%~94%，其脂肪中亚油酸约占59%，玉米在鸡的日粮中搭配50%，就能满足亚油酸的需要量。玉米蛋白仅含8.6%，蛋氨酸、赖氨酸和色氨酸的含量比较少，需要另外补充。黄玉米中含较高的胡萝卜素和叶黄素，有利于土鸡皮肤和喙、爪的着色，含维生素E较高，不含维生素D和维生素B_{12}。玉米中含磷高，但利用率低。

（二）高粱

去皮高粱能量约为玉米的80%，粗蛋白含量平均约为10%，

赖氨酸、色氨酸、苏氨酸和组氨酸的含量较低，含维生素和玉米相似，玉米中含有丹宁酸，口感比较差，喂量不宜过多，一般为5%~10%。

（三）小麦

小麦能量略低于玉米，粗蛋白含量约12.1%，氨基酸比其他谷类完善，B族维生素也丰富，一般在玉米价格较高而小麦价格相对较低的时候使用较多。

（四）小米

小米能量与玉米相近，蛋白含量为13.1%，其他营养与高粱相似，但适口性好。

（五）稻米

其能值约为玉米的70%，粗蛋白含量为6.8%，赖氨酸和蛋氨酸的含量也较玉米低，稻谷去壳后加工成的碎大米代谢能接近玉米的代谢能，粗蛋白含量也可提高，而且易消化，便于鸡苗啄食，可在日粮中适当添加。

（六）其他谷实类

其他谷实类主要是指大麦、燕麦等，适量搭配使用，可增加日粮的饲料种类，调节营养物质平衡。

（七）米糠

米糠是大米加工的副产品，其代谢能为10.7兆焦/千克，粗蛋白含量约为13%，粗脂肪含量为15%~16%。米糠中因脂肪含量高，贮藏时要注意保管，以免发生酸败变质。

（八）麸皮

麸皮也叫小麦麸，其代谢能约为6.8兆焦/千克，粗蛋白含量为14.4%，粗纤维含量达9.2%，赖氨酸含量较高，蛋氨酸含量低，维生素中胡萝卜素和维生素D含量少，B族维生素丰富。一般饲料中可以少许添加。

（九）油脂

油脂分为动物性脂肪和植物性脂肪，植物油代谢能为34.3~36.8兆焦/千克，动物性脂肪为29.7~35.6兆焦/千克。饲料中添加油脂，可以提高能量。特别是在炎热的夏季，适量添加可以提高饲料浓度。一般添加1%~3%。

二、蛋白质饲料

蛋白质饲料是指在干物质中，粗纤维含量低于18%，同时粗蛋白含量在20%或以上的饲料，包括豆类、饼粕类、动物性饲料类及其他饲料。

（一）豆饼（粕）

大豆籽实提取油后的残渣，因榨油工艺不同，可分为豆饼和豆粕两种。用压榨法加工的副产品叫豆饼，用浸提法加工的副产品叫豆粕。豆饼（粕）中含粗蛋白质40%~45%，经加热处理的豆饼（粕）是鸡最好的植物性蛋白质饲料。一般在饲粮中用量可占10%~30%。虽然豆饼中赖氨酸含量比较高，但缺乏蛋氨酸，故与其他饼粕类或鱼粉配合使用。注意不能用生豆饼喂鸡，因为其含有抗营养因子，加热可以破坏这个因子。

（二）花生饼（粕）

花生饼中粗蛋白质含量略高于豆饼为42%~48%，口感好，土鸡喜食，但蛋白品质较差，精氨酸含量高，赖氨酸含量低，其他营养成分与豆饼相差不大，与豆饼配合使用效果较好，一般在饲粮中用量可占15%~20%，不宜作为土鸡的唯一蛋白饲料。花生不宜生喂，应进行加热处理。花生饼脂肪含量高，贮存时易染上黄曲霉菌，染菌的不能喂鸡。

（三）葵花籽饼（粕）

优质的脱壳葵花籽饼粗蛋白质含量可达40%以上，蛋氨酸含量比豆饼多2倍，粗纤维含量在10%以下，B族维生素含量也比

豆饼丰富，且容易消化。但目前完全脱壳的葵花籽饼很少，其粗纤维量大于18%，按国际饲料分类原则不属于粗饲料。一般可添加5%~15%。

（四）芝麻饼（粕）

芝麻饼（粕）为芝麻榨油后的副产品，含粗蛋白质40%左右，蛋氨酸含量高，适合与豆饼搭配喂鸡。一般在饲粮中用量可占5%~10%。

（五）菜籽饼（粕）

菜籽饼（粕）的蛋白质含量约为38%，营养含量丰富，含有较多的钙、磷、硒和B族维生素，但适口性差，且含有硫葡萄苷，容易产生对鸡有害的物质。需加热处理去毒才能作为鸡的饲料。一般在饲粮中含量占5%左右。

（六）棉籽饼（粕）

其一般含粗蛋白质33%左右，粗纤维含量较高，且含有棉酚，宜单独作为鸡的蛋白质饲料。棉籽饼经去毒后，与豆饼、花生饼配合使用效果较好。饲粮中一般不超过4%。

（七）鱼粉

鱼粉是鸡理想的动物性蛋白饲料，优质鱼粉蛋白在55%左右，含有丰富的氨基酸、维生素和钙、磷等营养物质。但价格高，且容易带病菌（沙门杆菌），饲喂后有一定的腥味。一般用量为3%~7%，且在土鸡上市的2周前停喂。

（八）昆虫

昆虫包括蝉蛹、黄粉虫、蚯蚓等，这些昆虫含蛋白在60%左右，且营养丰富，可以让鸡在自然的环境中自由采食。补饲饲料中添加不超过5%。

（九）血粉

血粉是指屠宰牲畜的血液经干燥后制成的产品，粗蛋白含量在80%以上，含有较高的赖氨酸，但适口性差，消化率不高，可以添加1%~3%。

（十）肉粉

肉粉包括肉骨粉，是由屠宰后牲畜的废弃体脏加工而成的，含蛋白质30%左右，钙磷含量较高，一般添加小于5%。

（十一）羽毛粉

羽毛粉是各种家禽的羽毛经水解后得到的产品，其蛋白含量80%以上，适当添加可以防止鸡的啄羽癖，但其氨基酸含量不平衡，蛋白品质较差，适口性也差。一般添加不超过3%。

三、矿物质饲料

矿物质饲料是为了补充土鸡在自然环境中采食后，不能满足体内所需的矿物质元素，需要补饲来满足。

（一）补钙

补钙主要是补充贝壳粉和石粉，石粉是天然的石灰石（碳酸钙）粉碎而成，含钙34%~38%。贝壳粉是贝壳粉碎而成，含钙30%~37%，是良好的钙质饲料。一般根据鸡的不同生长期添加量也不同。

（二）补磷

补磷主要是补充骨粉和磷酸氢钙，骨粉含磷10%~15%，含钙24%，因其成分变化较大，来源不稳定，在国外已经很少使用，国内尚可少量使用；只要杀菌彻底，可以安全使用，用量为2%~3%。磷酸氢钙（磷酸二钙），经脱氟处理后其氟含量小于0.2%，磷16%、钙23%，钙磷比例比较平衡，可以添加1%~2%，使用时要注意重金属不要超标。

（三）补盐

盐规格比较多，一般粗盐含氯化钠95%，精盐含99%，盐含钙38%、氯59%，补饲中必须添加，可以补充矿物质，也可以增加适口性，帮助消化。一般添加0.3%。

第四节　放养土鸡补充全价日粮的配制

土鸡放养，即使可以采食到自然界中的多种营养素，但也一定要喂给补充饲料，否则其自身生长和产蛋都将会受到影响。有的养殖户也补喂农家饲料原料，这也是可以的；但如果规模化生产，还是要补充全价日粮，才能取得最好的养殖效益。

一、放养土鸡的参考饲养标准

饲养标准是以营养学家通过科学试验和生产实践总结的数据为依据提供的营养指标，包括能量、蛋白质、粗脂肪、粗纤维、钙、磷、各种氨基酸、各种微量矿物质元素和维生素等。一般饲养标准分为国家标准与企业自己制定的专业标准。放养土鸡要根据土鸡的不同品种、性别、周龄、营养状态、环境等因素，合理确定其不同营养物质的需要量。目前放养土鸡还没有专门的饲养标准，可参照地方品种土鸡的饲养标准执行。地方品种黄鸡的饲养标准见表 5-1。

表 5-1　地方品种黄鸡的饲养标准

周龄	0~5	6~11	12 以上
代谢能（兆焦/千克）	11.72	12.13	12.55
粗蛋白（%）	20.0	18.0	16.0
蛋白能量比（克/兆焦）	17.06	14.84	12.74

注：其他营养指标参考生长期蛋鸡和肉用仔鸡饲养标准折算。

二、放养土鸡补充全价日粮的配制

（一）饲料配制的原则

要配制既能满足鸡的生产需要，又能降低生产成本的配合饲料，设计配方时需遵循以下原则。

1. 选用合适的饲养标准 饲养标准是饲料配合时的各种营养元素含量的依据，应满足鸡的营养需要，这是生产配合饲料和保证配合饲料品质的最基本的要求。要根据不同品种、不同日龄鸡的饲养标准设计不同的饲料配方。

2. 饲料的适口性要好 饲料的适口性影响着鸡的采食量，适口性差的话，即便是饲料营养全面，但鸡的采食量少，营养就不够，势必影响鸡的饲养效果，降低鸡的生产性能。相反，如果饲料的适口性好，鸡的采食量合适，营养吸收多，饲养效果好，鸡的生产性能也会增强。

3. 各种营养元素要比例恰当 在满足能量需要的基础上，各种营养元素，如蛋白质、氨基酸、矿物质、维生素等的含量既要满足鸡的饲养标准，又要注意各种养分之间的比例。比例适宜的话，有助于营养的吸收利用，饲料报酬较高；反之，营养不平衡，就会降低饲料的利用率，饲料报酬下降。日粮中蛋白质和能量的比例通常用蛋白能量比来表示，日粮中能量低时，相应的蛋白质的含量也应降低；日粮中能量高时，相应的蛋白质的含量也应增加。如果日粮中蛋白高能量低或能量高蛋白低，都会造成饲料的浪费。另外，氨基酸、维生素、矿物质之间，有的存在协同作用，有的存在拮抗作用，所以在配料时一定要协调好它们之间的比例关系。

4. 选择合适的饲料原料 在不影响饲养效果和经济效益的前提下，要因地制宜，根据当地的实际种植情况，就地取材，使用物美价廉的原料，降低生产成本。

5. 饲料多样化 配制饲料时，为了满足鸡的营养需要，要使用不同的饲料原料，使饲料间不同的养分相互搭配、相互补充，提高配合饲料的营养价值。

6. 严把原料质量关 有的饲料原料，如玉米、饼粕类等及

含脂肪高的原料，如果贮存不当，很容易发生霉变或酸败，损害肝脏，引起鸡的病变，所以，一定要把好质量关。另外，有些含毒素的饲料原料，如棉籽饼、菜籽饼等，在脱毒前应严格控制用量。

（二）放养土鸡计算饲料配方注意事项

（1）首先考虑日粮中代谢能和粗蛋白质的需要量及两者的比例是否适宜，然后再看钙、磷含量是否满足需要和是否平衡，最后再调节维生素和微量元素的需要量。在配合日粮时一般对原料中的维生素不予考虑，完全靠额外添加来满足需要。

（2）由于饲料原料品种不同，来源不同，含水量、贮存时间不同，营养成分经常发生变化。在配制日粮时要加上安全系数，以保证应有的营养物质含量，但是安全系数也不能太大，以免浪费。

（3）在条件允许的情况下，尽可能使用种类比较多的原料，达到营养物质互补（主要是氨基酸互补），降低饲料成本。

（4）既要求饲料质量好，适口性强，同时也要兼顾价格，使用一些便宜的原料。对一些有用量限制的原料要严格控制使用量，如棉籽粕、高粱等，避免图便宜而造成对鸡的伤害。

（5）每次配制的总饲料量不要超过一个月的用量，以免长期贮存降低营养成分的含量，尤其是维生素的含量。夏季长时间贮存饲料还容易发霉，尤其在高温高湿条件下极容易变质。

（6）饲料配方要相对稳定，如需要更换饲料最好采用逐渐过渡的方法，以免引起食欲下降和消化障碍。

（7）要根据土鸡的生长规律及营养需要做配方。据试验，土鸡的生长高峰有两个，即 20～45 日龄和 65～100 日龄。营养需要，1～60 日龄饲料的粗蛋白含量为 16%～18%，代谢能为 11.7～12.8 兆焦/千克；60 日龄后饲料的粗蛋白含量为 13%～15%，代谢能约为 13 兆焦/千克。

（8）根据土鸡的饲养技术，饲料“前精后粗”，饲喂“前期自由，后期定时定量”，按土鸡的饲养标准配制。

（三）饲料配方计算方法

1. 交叉法 交叉法也叫方形法、对角线法。在饲料种类少、营养指标要求低的情况下，可以用这一方法。在饲料种类及营养指标要求多时，也可采用此法，但需反复计算，两两组合，比较麻烦，而且又不能使配合饲料同时满足多项营养指标。

例如，用玉米（含粗蛋白 8.5%）和豆饼（含粗蛋白 42.5%）配制粗蛋白水平为 16.5%的混合饲料。

（1）作“十”字交叉图。把混合饲料需要达到的粗蛋白含量 16.5%放在交叉处，玉米和豆饼的粗蛋白含量分别放在左上角和左下角；然后以左上、左下角为出发点，各向对角通过中心作交叉，大数减小数，所得数字分别记在右上角和右下角。

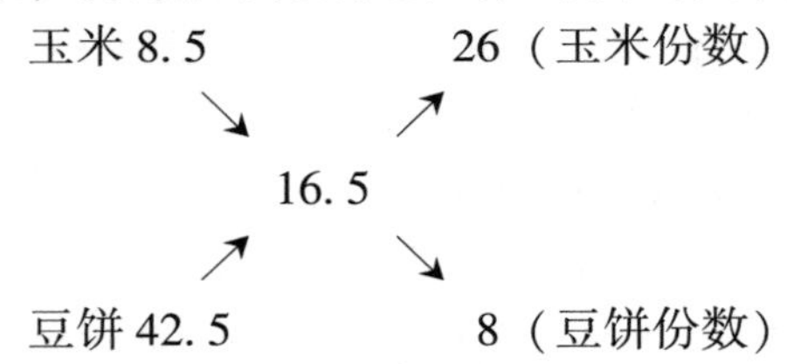

（2）计算混合比。用上面计算所得的分数除以它们的和，即得两种饲料的混合比。

玉米应占比例=26÷（26+8）×100%≈76.5%

豆饼应占比例=8÷（26+8）×100%≈23.5%

此种方法计算的结果只是满足了粗蛋白的营养，其他成分没有计算，因此，实用价值不大。

2. 试差法 这种方法在目前日粮配制中应用较多。试差法就是根据经验和饲料营养含量，先大致确定一下各种饲料在日粮中所占比例，再将各种饲料所含营养成分分别计算出来，这样同种养分相加得到该初拟配方的每种养分的含量，然后与饲养标准

对照，看看还差多少，再进行适当调整，所以叫试差法。调整时可通过某些饲料的含量和比例，直到所有营养指标都基本满足营养标准为止。调整的顺序为能量、蛋白质、磷、钙、蛋氨酸、赖氨酸、食盐等。

下面以配蛋鸡饲料的配方过程，说明使用试差法的计算方法。

第一步：确定营养需要，查蛋鸡的营养标准（表5-2）。

表5-2　蛋鸡的营养标准

代谢能（兆焦）	粗蛋白质（%）	钙（%）	磷（%）
11.54	16.5	3.5	0.6

第二步：掌握饲料原料的营养成分。已知原料及其营养成分见表5-3。

表5-3　饲料原料及其营养成分

饲料名称	代谢能（兆焦/千克）	粗蛋白质（%）	钙（%）	磷（%）
黄玉米	14.02	8.5	0.02	0.21
高粱	12.93	8.5	0.07	0.11
麦麸	7.11	13.5	0.22	1.09
豆饼	10.04	42.1	0.27	0.63
菜籽饼	8.62	31.5	0.61	0.95
鱼粉	9.83	53.6	3.16	0.17
血粉	9.92	80.2	0.30	0.23
骨粉			30.12	13.46
贝壳粉			38.10	0.07

第三步：初拟配方。根据营养需要、饲料供应情况、饲料营养成分和参照典型日粮或经验配方，首先粗略制定一饲料配方，成分见表5-4。

表 5-4　粗略制定一饲料配方成分

饲料	配方（%）	代谢能（兆焦）	粗蛋白质（%）	钙（%）	磷（%）
黄玉米	59	8.27	5.015	0.011 8	0.123 9
高粱	10	1.29	0.85	0.007	0.011
麦麸	3	0.21	0.45	0.066	0.032 7
豆饼	9	0.90	3.789	0.023 4	0.056 7
菜籽饼	5	0.43	1.575	0.030 5	0.046 5
鱼粉	5	0.49	2.68	0.158	0.058 5
血粉	2	0.20	1.602	0.036	0.004 6
骨粉	2			0.602	0.269 2
贝壳粉	5			1.905	0.003 5
饲料标准		11.54	16.50	3.50	0.60
总计	100	11.79	15.961	2.839 7	0.60
与标准比较		+0.25	-0.539	-0.660 3	0

第四步：调整。由上述初拟配方可以看出，能量多了 0.25 兆焦，粗蛋白缺 0.539%、钙缺 0.660 3%。因此，在少量减少能量的同时，要适当增加粗蛋白和钙含量。设想用豆饼代替玉米，每增加 1%豆饼，减少 1%玉米时，粗蛋白增加 0.336%，能量减少 0.042 兆焦，钙增加 0.002 5%，磷增加 0.004 2%。如豆饼增加 2%，玉米减少 2%，那么，总能量为 11.71 兆焦，粗蛋白为 16.75%，钙为 2.745%，磷为 0.060 8%，结果能量还多 0.20 兆焦，粗蛋白基本符合要求。钙仍差 0.755%，磷已满足要求。如增加 2%的贝壳粉，减少 2%的玉米，则能量为 11.43 兆焦，粗蛋白为 16.42%，钙为 3.51%，磷为 0.6%。调整后的配方归纳于表 5-5。

表 5-5　调整后的配方

饲料	配方（%）	代谢能（兆焦）	粗蛋白质（%）	钙（%）	磷（%）
黄玉米	55	7.71	4.67	0.011	0.115 5
高粱	10	1.29	0.85	0.007	0.011
麦麸	3	0.21	0.45	0.066	0.032 7
豆饼	11	1.10	4.63	0.029 7	0.069 3
菜籽饼	5	0.43	1.575	0.030 5	0.046 5
鱼粉	5	0.49	2.68	0.158	0.058 5
血粉	2	0.20	1.602	0.036	0.004 6
骨粉	2			0.602	0.269 2
贝壳粉	7			2.667	0.004 9
饲料标准		11.54	16.50	3.50	0.60
总计	100	11.43	16.457	3.61	0.61
与标准比较		−0.11	−0.043	+0.11	+0.01

3. 计算机　随着养殖业集约化和配合饲料工业产业化的发展，要求配方设计采用多种饲料原料，而且需要计算的营养成分指标也增多，还得考虑降低饲料成本、节约饲料资源等，用手工计算方法很难达到，而且又相当烦琐，所以就需要借助计算机进行配方优化。采用计算机设计配方，是借助一定的数学模型，并将其编制成软件，在计算机上完成饲料配方的设计。

4. 土鸡放养期饲料的配制方法　土鸡放养期饲料配制的方法与其他家禽或家畜饲料配制方法一样。小规模饲养场多根据营养标准，以试差法设计配方。规模型鸡场或饲料厂，目前多使用配方软件，既快捷，又精确。但是，无论采用哪种方法，都必须了解土鸡营养的特殊性，所用饲料的大体比例。根据多年来实践经验，配制土鸡放养期精料补充料的不同饲料原料的大致比例如表 5-6 所示。

表 5-6　放养土鸡饲料配制不同原料的大致比例关系

项　目	育雏期	育成期	开产期	产蛋高峰期	其他产蛋期
能量饲料	69~71	70~72	68~70	64~66	65~68
植物性蛋白饲料	23~25	12~13	18~20	19~21	17~19
动物性蛋白饲料	1~2	0~2	2~3	3~5	2~3
矿物质饲料	2.5~3.0	2~3	5~7	9~10	8~9
植物油	0~1	0~1	0~1	2~3	1~2
限制性氨基酸	0.1~0.2	0~0.1	0.1~0.25	0.2~0.3	0.15~0.25
食盐	0.3	0.3	0.3	0.3	0.3
营养性添加剂	适量	适量	适量	适量	适量

根据以上提供的不同饲料原料的大致比例，即可用不同的饲料配合方法设计配方。在配方设计时，不同原料的用量要灵活掌握。例如，能量饲料主要有玉米、高粱、次粉和麦麸皮。由于高粱含有的单宁较多，用量应适当限制。麦麸的能量含量较低，在育雏期和产蛋期用量不可太多，否则将达不到营养标准；另外，动物性蛋白饲料主要是优质鱼粉、蝇蛆粉、黄粉虫粉。尽量不用土作坊生产的皮革粉或肉骨粉；油脂对于提高能量含量起到重要作用，但选用油脂最好使用无毒、无刺激和无不良气味的植物油脂，不应选用羊油、牛油等有膻味的油脂，以防将这种不良气味带到产品中去，影响适口性，降低产品品质。

（1）沙砾添加：关于沙砾的添加，一般笼养鸡有意识地添加一些小石子，以帮助消化。但在放养期间鸡可自由采食自己所需要的营养物质。田间或草地中，特别是山场，有丰富的沙石，可不必另外添加。

（2）青饲料的添加问题。在放养期间，由于鸡可采食大量的青绿饲料，因此，没有必要在补充的饲料中额外添加。但是在育雏后期，为了使小鸡适应放养期的饲料，可逐渐在配合饲料中添加 10%~30%的优质青饲料；在冬季产蛋期，为了保证鸡蛋蛋

黄色度和降低胆固醇，可在配合饲料中增加 10%～15%的优质青饲料（如蔬菜）或添加 5%左右的优质青干草。

5. 土鸡各阶段配方实例

（1）土鸡育雏期推荐参考配方（%）。

配方 1：玉米 45、碎米 18、小麦 12、豆饼 20、鱼粉 3、骨粉 2、食盐适量。

配方 2：玉米粉 53.2、麸皮 8、豆饼粉 22、菜籽饼粉 6、鱼粉 6、骨粉 2、贝壳粉 2、多维素 0.5、食盐 0.3。

配方 3：玉米 45、碎米 18、小麦 12、豆饼 20、鱼粉 3、骨粉 2、食盐适量。

（2）土鸡育成期参考配方（%）。

配方 1：玉米 20、碎米 15、小麦 10、豆（糠）饼 30、碎青料 20、微量元素 3、食盐 1、碳酸氢钠（小苏打）1。

配方 2：玉米 55、豆粕 10、鱼粉 1、麸皮 16、统糠 16、骨粉 1、盐 0.3、蛋氨酸 0.2、微量元素 0.35、氯化胆碱 0.15。

其中鱼粉、骨粉可自制，收集蚌肉、畜禽骨等晒干烘透粉碎即成。可以让鸡任意采食，不限量。

（3）土鸡产蛋期参考配方（%）。

配方 1：玉米粉 62、小麦粉 17、豆饼粉 12、鱼粉 4、滑石粉 1、贝壳粉 2.6、生长素 0.5、多维素 0.5、食盐 0.4。

配方 2：玉米 62、豆粕 20、菜籽粕或棉籽粕 6、贝壳粉 2、预混料 5、其他青饲料或纤维饲料 5。

配方 3：玉米 60、豆粕 24、鱼粉 3、麸皮 10、骨粉 2、蛋氨酸 0.2、盐 0.3、微量元素 0.35、氯化胆碱 0.15。

配方 4：玉米 65、豆粕 26、鱼粉 5、骨粉 3、蛋氨酸 0.3、盐 0.3、微量元素 0.25、氯化胆碱 0.15。

配方 5：玉米 61、豆粕 18、鱼粉 3、麸皮 6、骨粉 1.5、菜籽饼 5、石粉 5、盐 0.3、微量元素 0.1、氯化胆碱 0.1。

三、开拓饲料资源，育虫养鸡

饲料中加10%的昆虫，土鸡增重可提高15%，产蛋率可提高25%。采用人工育虫喂鸡成本低，是解决土鸡放养中缺少动物性蛋白质饲料的有效方法。

1. 稀粥育虫法 选3小块地，轮流在地上泼稀粥，然后用草等盖好，2天后滋生小虫子，轮流让鸡去吃虫子即可。注意防雨淋、防水浸。

2. 稻草育虫法 将稻草铡成3~7厘米长的碎草段，加水煮沸1~2小时，埋入事先挖好的长100厘米、宽67厘米、深33厘米的土坑内，盖上6~7厘米厚的污泥，然后用稀泥封平。每天浇水，保持湿润，8~10天便可生出虫蛆。扒开草穴，驱鸡自由觅食。一个这样的土坑，育出的虫蛆可供10只小鸡吃2~3天。此法可根据鸡群的数量来决定挖坑的多少。虫蛆被吃完后，再盖上污泥继续育虫。

3. 秸秆育虫法 在能避开阳光的湿润地方，挖一个深1米的地坑（一般1只鸡挖1立方米即可）。装料时，先在底部铺上一层瓜果皮或植物秸秆、杂草或其他垃圾，随即浇上一层人尿（湿润为宜），然后盖上一层约33厘米厚的垃圾，浇上一些水，最后再堆放上各种垃圾，直到略高于地面，用泥土把它封闭，时常浇上一些淘米水（不要过湿），2周后开坑，里面就会长出许多虫子。

4. 树叶、鲜草育虫法 用鲜草或树叶80%、米糠20%，混合后拌匀，并加入少量水煮熟，倒入瓦缸或池内，经5~7天便能育出大量虫蛆。

5. 鸡粪育虫法 将鸡粪晒干、捣碎后混入少量米糠、麸皮，再与稀泥拌匀并成堆，用稻草或杂草盖平。堆顶做成凹形，每天浇污水1~2次，15天左右便可出现大量小虫，然后驱鸡觅食。

虫被吃完后，将堆堆好，几天后又能生虫喂鸡。如此循环，每堆能生虫多次。

6. 牛粪育虫法　将牛粪晒干、捣碎，混入少量米糠、麸皮，用稀泥拌匀，堆成直径100~170厘米、高100厘米的圆堆，用草帘或乱草盖严，每天浇水2~3次，使堆内保持半干半湿状态。15天左右便可生出大量虫蛆，翻开草帘，驱鸡啄食。虫被吃完后，再如法堆起牛粪，经2~3天又会生出许多虫蛆，可继续喂鸡。

7. 鸡毛、酒糟育虫法　用鸡毛、酒糟、草皮、垃圾等加水混合拌成糊状堆放在一起，用烂泥盖好，10天左右就会长出小虫。一般鸡毛越多，酒糟越多，长虫越快。

8. 豆腐渣育虫法　将豆腐渣1~1.5千克，直接置于水缸中，加入淘米水1桶，2天后再盖缸盖，经5~7天，便可生出虫蛆，把虫捞出洗净喂鸡。虫蛆吃完后，再添些豆腐渣，继续育虫喂鸡。如果用6个缸轮流育虫，可供50~60只小鸡食用。

9. 酒糟、麸皮育虫法　选择潮湿的地方，根据料的多少，挖一个深约30厘米的土坑，在坑底上铺一层碎稻草，然后把碎稻草或麦秆、玉米秸秆切成5~6厘米长的段，并加入杂草，再掺入麸皮、酒糟，浇水拌匀，置于坑内，最后用土盖实盖严。在气温30℃以上时，15天左右便可生虫喂鸡。

10. 松针育虫法　挖一个深70~100厘米，长、宽不限的土坑，放入30~50厘米厚的松针，倒入适量的淘米水，再盖上30厘米厚的土，7天后，便可生出大量虫蛆，挖开土驱鸡啄食。虫被吃完后，可再填上松针，继续育虫喂鸡。

11. 黄豆、花生饼育虫法　取黄豆0.6千克，花生饼0.5千克，猪血1~1.5千克，将三者混合均匀，密封在水缸中，在25℃左右条件下，经4~5天便可生出虫蛆，而且虫蛆量一天天增多，可供50只肉鸡食用。这种虫蛆个体大，富含蛋白质及维生素，营养丰富，易被鸡消化和吸收，效果则接近于优质鱼粉。据试验，50 天内肉鸡体重即可达到 2 千克。

第六章　土鸡育雏期的生态放养

土鸡雏鸡的育雏期是指0~42日龄的幼雏期，可分为育雏期舍内饲养阶段（1~28日龄）和育雏期舍外放养阶段（29~42日龄）。雏鸡的饲养与管理工作是土鸡放养中的中心工作之一，它直接关系到雏鸡的生长发育、成活及将来的生产力，与经济收益密切相关。因此，要实行科学管理，充分调动一切积极因素，出色地完成育雏工作任务。

第一节　做好育雏前的准备工作

一、育雏舍的设计

在设计上，育雏舍不能渗漏雨水，墙壁不能有裂缝，水泥地面要平整，无鼠洞且干燥；坐北向南，东西走向；门窗严密，保温性能好，并能通风换气；与其他鸡舍保持100米距离，有条件的地方不与其他鸡混养，可减少疾病感染的机会。平养育雏舍内可间隔成多个小间，便于分群饲养管理和调整鸡群。

二、育雏设备

育雏前要准备好保温设备、饲槽、饮水器、水桶、料桶、温湿度计、扫帚、清粪工具、消毒用具；另外根据实际情况添置需

要的用具。若是笼养育雏，还要准备专用的育雏笼。针对农村土鸡养殖，育雏笼也可就地取材自制，便于雏鸡采食、饮水和饲养人员管理操作即可。

（一）保温设备

1. 热风炉 热风炉是以煤等为原料的加热设备，在舍外设立，将热风引进鸡舍。

2. 锅炉供暖 锅炉供暖分水暖型和气暖型。育雏供温以水暖型为宜。

3. 红外线供暖 红外线发热原件有两种主要形式，即明发射体和暗发射体，两种都安装在金属反射罩下。

4. 煤炉供暖 这是我国北方常用的供暖设备。

（二）采食饮水设备

1. 食槽 食槽要求光滑、平整，鸡采食方便但不浪费饲料，便于清洗和消毒，高度要合适，通常食槽上缘比鸡背高约 2 厘米。食槽可用木板、镀锌薄铁板或硬塑料制成。

2. 饮水器 饮水器种类很多，根据鸡的大小和饲养方式而定，但都要求容易清洗，不漏水，不污染。

（三）笼具

1. 电热育雏器 电热育雏器属于叠层笼养设备，由一组电加热笼、一组保温笼和四组运动笼三部分组成，饲养量 1~15 日龄 400~600 只，16~45 日龄 300~400 只。

2. 育雏育成笼 育雏育成笼为四层阶梯式，两层中间笼先育雏，育雏结束，均匀移至上下两层，育雏靠锅炉气暖。

3. 育雏网 育雏网上的结构分为网片和框架两部分，网眼为 1.25 厘米×1.25 厘米，也可用竹条代替。标准化肉鸡场使用的塑料网架更好用。

（四）垫料的准备

在平面育雏时一般都采用垫料，常选用稻壳、锯末、刨花

等，以 10 厘米长短为宜，厚度为 3～5 厘米。垫料要求干燥、清洁、柔软、吸水性强、灰尘少，使用前需在太阳底下进行日晒消毒，要注意不断翻动，以便彻底消毒。

三、制订育雏计划

提前对饲养人员进行培训，以便掌握基本的饲养管理知识和技术。育雏人员在育雏前 1 周左右到位并着手工作。

放养土鸡必须选择合适的育雏季节，以利于取得最高的经济效益。最好选择 3～5 月育雏，因为此时气温逐渐上升，阳光充足，对雏鸡生长发育有利，育雏成活率高。到中鸡阶段，由于气温适宜，舍外活动时间长，可得到充分的运动与锻炼，因而体质强健，对以后天然放牧采食，预防天敌非常有利。春雏性成熟早，产蛋持续时间长，尤其早春孵化的雏鸡更好，选择这段时间育成的雏鸡产蛋高峰来临时，正赶上中秋节、国庆节、元旦、春节这四个节日，鸡蛋销路好且卖价高。如果春季鸡蛋销路不好，可在第二年春节前后把鸡全部淘汰，因这时土鸡价最高。同时，还根据自己的实力情况选择第二年春季土鸡的第二产蛋高峰，6～7 月淘汰全部土鸡。

四、准备饲料与药物

根据育雏数量，备好雏鸡专用全价饲料和必需药品等。

育雏可用全价配合颗粒饲料或自配粉饲料。土鸡 0～6 周龄累计饲料消耗为每只 750～800 克。自配饲料应选择无污染、不变质的原料，且要求搅拌均匀、颗粒大小合适、适口性好。一般要求雏鸡饲料的营养水平为：代谢能 11.9～12.1 兆焦/千克，粗蛋白质 18%～20%。配方可参考使用：玉米 63.3%、麸皮 4.7%、豆粕 22.6%、花生粕 3%、菜籽粕 2%、鱼粉 1%、氢氧化钙 1.4%、石粉 0.7%、食盐 0.3%、预混料 1%。每配一次饲料饲喂时间不能过长，1 周内吃完为宜。

在梅雨季节更要现配现用，成品饲料宜在 7 天用完，不宜久存。同时，要做好饲料的贮存保管工作，避免虫咬鼠盗，受潮发霉，以防变质。

要拟定好免疫程序，准备充足的疫苗。在购买时，要谨慎选择生产厂家和生产日期。除了准备必要的疫苗等生物制品外，还要准备必要的防治白痢、球虫的药物（如球痢灵、杜球、三字球虫粉等），抗应激剂（如维生素 C、速溶多维），营养剂（如糖、奶粉、电解多维等），消毒药（酸类、醛类、氯制剂等，准备3~5 种消毒药交替使用）。

此外，还要准备足量的温开水，以便雏鸡进舍时饮用。冬天温开水的温度通常以 20~25℃ 为宜。

五、育雏舍的清洗、消毒和预温

（一）房舍和装备的维修

进鸡前 15 天，修补鸡舍，确保鸡安全。房舍的修缮应保证其保温和通风良好，不漏雨，不潮湿。装备的维修包括对笼具、水线、料槽、照明电器、通风、加温装备等的维修。准备足够的喂料盘或喂料用塑料布、饮水器。

（二）清洗与消毒

雏鸡入舍前，鸡舍应空置 2 周以上，在进雏前 1 周，对育雏鸡舍墙壁、地面、饲养设备及鸡舍周围彻底冲洗，鸡舍充分干燥后，采用两种以上的消毒剂交替进行 3 次以上的喷洒消毒。关闭所有门窗、通风孔，对育雏鸡舍升温，温度达到 25℃ 以上时，每立方米空间用福尔马林 28 毫升，高锰酸钾 14 克，对鸡舍和用具进行熏蒸消毒，先放高锰酸钾在舍内瓷器中，后加入福尔马林，使其产生烟雾状甲醛气体，熏蒸 2~4 小时后打开门窗通风换气。

平养通常要对即将使用的料桶、水桶或水槽进行浸泡消毒；笼养通常要对即将使用的水壶、开食盘、饮水器进行浸泡消毒。浸泡消毒时可将这些待使用的用具放入容器内，此后加上配制好的消毒水，直至将全体用具沉没，浸泡半天后，即可取出用具晾干，搬入鸡舍备用。

育雏开始前应在门前设消毒池。

（三）鸡舍的预热

在进雏的前3天，要利用加温装备进行预温，经过预温使鸡舍内温度达到适宜接雏的温度，舍温达32~35℃，定好操作日程和防检制度。

第二节　育雏期的饲养

一、根据雏鸡的生理特点制订育雏期饲养管理的措施

雏鸡培育是土鸡放养中一项细致而重要的工作，雏鸡培育的好坏直接影响雏鸡的生长发育、成鸡的生产力和经济效益。雏鸡的生理特点与成鸡有很大差别，因而必须根据雏鸡的生理特点来制订育雏期饲养管理的措施。

（一）雏鸡体温调节功能较差，应提供适宜环境温度，坚持看鸡施温

初生雏体温调节中枢的功能还不完善，体温又比成鸡低1~3℃，刚出生时全身都是绒毛，缺乏抗寒和保温能力，既怕热又怕冷，随着日龄的增长，绒毛逐渐换成羽毛，保温能力逐渐增强，同时体温调节功能也逐渐完善。根据雏鸡这一生理特点，在育雏期要提供适宜的环境温度。一般第1周35~33℃，第2周33~31℃，第3周31~28℃，第4周28~24℃，以后逐渐降低到室温。在具体执行时还要根据雏鸡对温度的反应情况和环境气候

状况进行看鸡施温。

（二）雏鸡代谢旺盛，生长迅速，应提供优质全价饲料，加强通风换气

雏鸡代谢旺盛，心跳快，单位体重耗氧量和排出二氧化碳的量比家畜高 1 倍以上，需要不断供给新鲜空气，因此在管理上要加强通风换气。羽毛生长也特别快，而羽毛中蛋白质含量为 80%~82%，因此应提供高蛋白全价饲料。饲料中的蛋白质应以动物性蛋白为主，并及时扩群，使每只鸡都有足够的活动空间和饮食设施，以利于雏鸡的生长发育。

（三）雏鸡消化吸收功能较弱，应提供易消化的饲料，坚持少喂勤添

雏鸡胃的容积小，进食量有限，肌胃研磨饲料的能力弱，消化道内又缺乏一些消化酶，其消化能力必然较差，根据这一特点在饲养管理上应做到少喂勤添，提供纤维含量低、易消化的饲料。

（四）雏鸡免疫功能尚未健全，应采用全封闭育雏法，加强疫病防治

雏鸡免疫功能不健全，容易受到各种病原微生物的侵害而感染疾病，因此应采取各种防病抗病措施，确保其健康生长。入舍前对鸡舍及周围环境进行清扫、冲洗、消毒，育雏期间定期带鸡消毒，减少发病概率；采用全封闭育雏法，杜绝疫病传入；根据母源抗体水平和当地疫情，及时做好防疫接种工作，增强抗病能力。

（五）雏鸡喜群居，胆小怕受惊，应做好防鼠灭害工作，保持环境安静

雏鸡喜群居，胆小怕受惊，各种惊吓和环境条件的突然改变，都会使其惊恐不安，因此在重点做好防鼠灭害工作的同时，饲养员在工作中还应轻拿轻放，避免各种应激因素对雏鸡的影

响，保持环境安静，确保其生长良好。

（六）雏鸡水分消耗多，易脱水，应及时补充鸡体水分，防止雏鸡脱水

种蛋在21天高温孵化过程中蛋内水分消耗大，雏鸡出壳后又经过分捡、防疫、运输，才送达育雏舍，这段时间较长，雏鸡很容易脱水，因此应及时供给饮水，最好是温开水，水中添加5%～8%的葡萄糖和少量维生素C，以防应激和脱水。

（七）适当训练

育雏期要在饲料中添加适量切碎的青菜叶或野菜叶，逐步锻炼鸡雏采食、消化粗饲料的能力。7周龄脱温后，只要天气合适，室内外温差不是很大，都应定时将鸡群放到棚前的空闲地上，通过约束训练，逐步扩大活动范围，延长活动时间，直至鸡群能自由活动。饲喂量要逐步减少，遵循“早少晚饱”的原则，以调动鸡群外出觅食的积极性。

二、育雏方式

（一）地面育雏

把雏鸡放在铺有垫料的地面上进行饲养的方法称为地面育雏。从加温方法来说大体可分为地下烟道育雏、煤炉育雏、电热或煤气保温伞育雏、电热板或电热毯育雏、红外线灯育雏、远红外板育雏和地下暖管升温育雏等。

1. 地下烟道育雏　地下烟道用砖或土坯砌成，其结构形式多样，要根据育雏室的大小来设计。较大的育雏室，烟道的条数要相对多些，采用长烟道；育雏室较小，可采用“田”字形环绕烟道。其原理都是通过烟道对地面和育雏室空间进行加温，以提高育雏温度。

地下烟道育雏优点较多：①育雏室的实际利用面积大。②没有煤炉加温时的煤烟味，室内空气较为新鲜。③温度散发较为均匀，地面和垫料暖和，由于温度是从地面上升，小鸡腹部受热，因此雏鸡较为舒适。④垫料干燥，空气湿度小，可避免球虫病及其他病菌繁殖，有利于小鸡的健康。⑤一旦温度达到标准，维持温度所需要的燃料将少于其他方法，在同样的房屋和育雏条件下，地下烟道的耗煤量比煤炉育雏的耗煤量至少省 1/3。

因此，烟道加温的育雏方式对中小型土鸡场和较大规模的土鸡养殖户较为适用。值得注意的是，在设计烟道时，烟道的口径进口处应大，往出烟处应逐渐变小，由进口到出口应有一定的上升坡势，烟道出烟处不可放在北面，要按风向设计。

为了提高热效率和育雏室的利用率，可采用平顶天花板加笼育的方法。在管理上，天花板要留有通风出气孔，根据室温及有害气体的浓度经常进行调节，必要时应在出气孔处安装排风扇，以便在温度过高等紧急情况下加强排气，按育雏温度标准调节室温。

2. 煤炉育雏 煤炉可用铁皮制成或用烤火炉改制而成，炉上设有铁皮制成的伞形罩或平面盖，并留有出气孔，以便接上通风管道；管道要接至室外，以便排出煤气。煤炉下部有一个进气孔，并用铁皮制成调节板，以便调节进气量和炉温。煤炉育雏的优点是经济实用，耗煤量不大，保温性能稳定。在日常使用中，由于煤炭燃烧需要一段时间，升温较慢，因此要掌握煤炉的性能，要根据室温及时添加煤炭和调节通风量，确保温度平稳。在安装过程中，炉管由炉子到室外要逐步向上倾斜，漏烟的地方用稀泥封住，以利于煤气排出。若安装不当，煤气往往会倒流，造成室内煤气浓度大，甚至导致小鸡煤气中毒。在较大的育雏室内使用煤炉升温育雏时，往往要考虑辅助升温设备，因为单靠煤炉升温，要达到所需的温度，需消耗较多的煤炭，另外在早春很难达到理想的温度。在具体应用中，用煤炉将室温升高到 15℃以上，再考虑使用电热伞或煤气保温伞及其他辅助加温设备，这样

既节省燃料和能源成本，也能预防煤炉熄灭、温度下降而无法及时补偿的缺陷。

3. 电热或煤气保温伞育雏　保温伞可用铁皮、铝皮、木板或纤维板制成，也可用钢筋和耐火布料制成，热源可用电热丝或电热板，也可用石油液化气燃烧供热。伞内附有乙醚膨胀饼和微动开关或电子继电器与水银导电表组成的控温系统。在使用过程中，可按雏鸡不同日龄对温度需要来调整调节器的旋钮。保温伞育雏的优点是可以人工控制和调节温度，升温较快而平衡，室内清洁，管理较为方便，节省劳力，育雏效果好。问题是要有相当的室温来保证，一般说来，室温应在15℃以上，这样保温伞才有工作和休息的间隔。如果保温伞一直保持运转状态，会烧坏保温伞，缩短使用寿命；另外，如遇停电，在没有一定室温的情况下，温度会急剧下降，影响育雏效果。

通常情况下，在中小规模的鸡场中，可采用煤炉维持室温，采用保温伞供给雏鸡所需的温度，炉温高时，室温也较高，保温伞可停止工作；炉温低时，室温相对降低，保温伞自动开启。这样在整个育雏过程中，不会因温差过高或过低而影响雏鸡健康。同时，也可以获得较为理想的饲料报酬。

4. 电热板或电热毯育雏　电热板或电热毯的工作原理是利用电热加温，小鸡直接在电热板或电热毯上取得热量，电热板和电热毯配有电子控温系统以调节温度。

5. 红外线灯育雏　红外线灯育雏是指用红外线灯发出的热量育雏。市售的红外线灯为250瓦，红外线灯一般悬挂在离地面35~40厘米的高度，在使用中红外线灯的高度应根据具体情况来调节。雏鸡可自由选择离灯较远处或较近处活动。

红外线灯育雏的优点是温度均匀，室内清洁。但是，一般也只作为辅助加温，不能单独使用，否则，灯泡易损，耗电量也大，热效果不如保温伞好，成本也较高。一盏红外线灯使用24

小时耗电 6 千瓦 · 小时（度），费用昂贵，停电时温度下降快。

6. 远红外板育雏 即采用远红外板散发的热量来育雏。根据育雏室面积大小和育雏温度的需要，选择不同规格的远红外板，安装自动控温装置进行保温育雏。使用时，一般悬挂在离地面 1 米左右的高度，也可直立地面，但四周需用隔网隔开，避免小鸡直接接触而烫伤。每块 1 000 瓦的远红外板的保暖空间可达 10.7 立方米，其热效果和用电成本优于红外线灯，并且具有其他电热育雏设备共同的优点。

7. 地下暖管升温育雏 其方法是在建筑鸡舍时，于育雏室地面下埋入循环管道，管道上铺盖导热材料。管道的循环长度和管道间隔可根据需要进行设计。其热源可用暖气、地热资源或工业废热水循环散热加温。这种方法的优点是热量散发均匀，地面和垫料干燥，几乎所有的雏鸡都有舒适的生活环境，可获得比较理想的育雏效果。如果利用工业废水循环加热，则可节省能源和育雏成本，比较适用于工矿企业的鸡场。

（二）网上育雏

网上育雏是把雏鸡饲养在网床上。网床由网架、网底及四周的围网组成。床架可就地取材，用木、铁、竹、塑料等均可，底网和围网可用网眼大小一般不超过 1.2 厘米见方的铁丝网、特制的塑料网。网床大小可根据房屋面积及床位安排来决定，一般长 200 厘米、宽 100 厘米、高 100 厘米，底网离地面或炕面 50 厘米。每床可养雏鸡 50~80 只。加温方法可采用煤炉、热气管或地下烟道等方法。

网上育雏的优点是可节省大量垫料，鸡粪可落入网下，全部收集和利用，增加效益。此外，由于雏鸡不接触鸡粪和地面，环境卫生能得到较好的改善，减少了球虫病及其他疾病传播的机会。同时由于雏鸡不直接接触地面的寒、湿气，降低了发病率，育雏成活率较高。但要注意日粮中营养物质的平衡，满足雏鸡对

各种营养物质的需要，达到既节省成本又提高育雏效果的目的。

（三）雏鸡笼养育雏

笼养育雏的优点是饲养密度大，单位房舍面积养育的雏鸡多，雏鸡不直接与粪便接触，可以较好地预防球虫病；雏鸡成活率高，均匀度好，而且节省能源，管理也较方便。但一次性投资较大。

育雏笼内的热源可用电热管或热水管，也可用地下烟道加温或煤炉加温提高育雏室温度或直接给雏鸡供温。地下烟道加温可使上下层鸡笼的温度差缩小，效果较好。

笼养雏鸡的管理要点：①育雏早期易出现湿度偏低，应注意增加饮水位置，将饮水器置于距热源较近部位，必要时用热水适当喷洒地面。②采用多层重叠育雏笼时，室内不宜放置过多的笼具，以防通风不良。③注意各层笼的温度差异，根据鸡只强弱做相应调整，将弱雏置于温度稍高的笼子。④根据鸡只大小及生长发育状况经常做横向分群，不断调整饲养密度。开始时用尽可能少的笼育雏，10 日龄后逐步分群到其他笼中。

三、雏鸡的选择与运输

（一）雏鸡的选择

小鸡出壳有早有晚，有强有弱。进行选择有两种方法：一种是按出雏时间早晚分，早孵出的小雏质量较好，晚孵出的较差，特别是最后孵出的所谓“鸡底”，质量最差，不太好养。另一种是按雏的健康情况来分。从外表看，眼大有神，腿干结实，腹部收缩良好，肚脐没有血痕，握在手心里感到饱满有劲、极力想挣脱的体质较强。而弱雏精神不好，反应迟钝、不爱活动、怕冷，常喜欢靠近热源，肚子大而硬、脐部收缩不良，有血痕，抓在手里有松软无力之感。此外，在接雏时如果发现肛门粘满白粪，或畸形、病弱的幼雏，就不要接出孵化室，应就地淘汰。

（二）接雏

1. 接雏时间 用户向种鸡场或孵化场预购雏鸡，一定要按照场方通知的接雏时间按时到达。为了保证雏鸡的健康和正常的生长发育，在雏鸡绒毛干后尽早启程运输。早春运雏时间应安排在中午前后，夏季运雏应在早晨或傍晚凉爽时进行。

2. 运雏工具 运输工具可根据距离远近选用飞机、火车、汽车、轮船等。运输时，必须做到稳、快，以免运输时间加长。装雏工具最好选用专门的雏鸡箱，一般长 60 厘米，宽 45 厘米，高 18 厘米，内分 4 个小格，每个小格放 25 只雏鸡，每箱共放 100 只。箱子四周有直径为 2 厘米的通气孔若干。没有专用雏鸡箱时，可用厚纸箱、塑料筐等代替。不管采用哪种装雏工具，均应注意密度不宜过大，且应通气、保温、耐一定压力，并在底部垫 2~3 厘米厚的柔软垫，切不可垫塑料薄膜。冬季和早春运雏要带防寒用具，夏季运雏要带遮阳防雨用具。所有运雏工具在使用前都要进行严格消毒。

3. 运雏过程中的注意事项 装车时，每行雏鸡箱间和雏鸡箱与雏鸡箱间要留有间隙，并用辅料挤紧，防止雏鸡箱滑动，并避免倾斜。在途中要注意观察雏鸡表现，如发现过热、过凉或通气不良，要及时采取措施，防止因闷、压、凉等造成死亡或继发疾病。汽车运输时，要注意平稳，中途不宜停车时间过长，并要求在雏鸡出壳后 48 小时内到达目的地开食、开水，避免运输时间过长对雏鸡生长发育不利。

运输人员要携带身份证、检疫证、合格证、种畜禽生产经营许可证、路单及有关的行车手续。

四、雏鸡的饮水和开食

（一）雏鸡的饮水

初生雏鸡第一次饮水称为“初饮”“开水”。

1. 饮水最好在出壳后24小时内进行　正常情况下，雏鸡出壳不是很整齐的，有些鸡苗在出雏室停留的时间较久，养殖户领回时往往都会超过24小时，所以雏鸡到舍时，要尽快使其饮上水，及时饮水有利于促进胃肠蠕动、吸收残留卵粪、排出胎粪、增进食欲、利于开食。在第1天的饮水中应加入5%~8%的葡萄糖，以消除因长途运输而引起的疲劳，恢复体力。但葡萄糖只需用一天，时间过长会影响卵黄的吸收。

2. 必须有足够的饮水空间　使每只鸡在3小时内都能饮到水。饮水器按照每只鸡3厘米的水位配置，一般30~40只鸡用一个与鸡龄相适应的饮水器。饮水要清洁卫生、新鲜，饮水器要经常清洗消毒，防止粪便污染。饮水器的高度以与鸡背同高为宜，饮水器的高度要随雏鸡日龄增长及时调整。在饲养期内的各个阶段，使饮水器尽量均匀分布在鸡活动的范围内。

3. 添加必要的药物　由于雏鸡在出雏到鸡舍时经历转盘、调苗、接种疫苗、运输等一系列的应激，所以在前3天的饮水中最好加入电解质（如开食补液盐），并加入一定量的电解多维。雏鸡在第1周由于容易感染白痢，特别是土鸡种鸡没有强制进行沙门杆菌净化，雏鸡带菌是普遍现象，所以使用抗白痢药物预防白痢是非常有必要的。要注意的是，在前3天由于雏鸡以消化卵黄的营养为主，雏鸡的采食量会有个体差异，抗白痢药物最好用饮水添加，这样用药才更均匀。

4. 幼雏初饮后　初饮后无论何时都不能断水。

（二）雏鸡的开食

给初生雏鸡第一次喂料叫开食。

1. 雏鸡开食时间　雏鸡在入舍饮水后2~3小时进行。开食的饲料要求新鲜，颗粒大小适中，易于啄食，营养丰富，容易消化，建议采用正规厂家提供的全价雏鸡料。雏鸡料放在铝制或木制的小料盘内，使其自由采食，为了使雏鸡容易见到饲料，可适当增加室内的照明。

2. 饲喂次数 第1周每天饲喂6次以上，第2周每天饲喂4~6次，3周龄后，喂料要有计划，要让鸡将食槽的料吃完了后再喂料。

3. 采食的空间与时间 要让鸡有足够的采食空间以满足其需要。在开始的3周内，应让鸡在任何时间都能得到饲料。

4. 加料量 每次加料以料盘的1/4高度为宜，注意随时清理料盘中的粪便和垫料，以免影响鸡的采食及健康。

5. 日粮要求 育雏期建议饲喂全价配合饲料，0~4周龄雏鸡日粮营养水平见表6-1。

表6-1 土鸡0~4周龄饲料营养水平

营养指标	含量
代谢能（兆焦/千克）	12.12
粗蛋白（%）	21.00
赖氨酸（%）	1.05
含硫氨基酸（%）	0.46
钙（%）	1.00
非植酸磷（%）	0.45

第三节 育雏期的日常管理

一、温度

1~3日龄育雏舍温度33~35℃，以后逐周降低，到6周龄温度降至18~21℃或与室外温度一致；夜间气温低，应使舍内温度保持与日间一致。育雏期的适宜温度见表6-2。

表 6-2　雏鸡各阶段的适宜温度

阶段	1~3 日龄	2 周龄	3 周龄	4 周龄	5 周龄	6 周龄
适宜温度	33~35℃	28~30℃	26~28℃	24~26℃	21~24℃	18~21℃

二、湿度

虽然相对湿度不像温度那样要求严格，但在极端情况下或与其他因素共同发生作用时，可能对雏鸡造成较大危害。0~7 日龄，相对湿度为 65%~70%，8~10 日龄为 60%~65%，15~28 日龄为 55%~60%，28 日龄后稳定在 55%左右。

三、密度

育雏期饲养密度主要依据周龄和饲养方式而定。笼养，1~3 周龄密度 30~50 只/米^2，4~6 周龄 15~25 只/米^2。平养，1~3 周龄密度 20~35 只/米^2，4~6 周龄 10~20 只/米^2。

四、断喙

土鸡在放养情况下，由于鸡群的饲养密度小，活动范围大，发生啄癖的现象较少，且放养时需要用喙去啄食，因此，放养土鸡模式的养殖户一定要谨慎断喙，断喙可能会让消费者认为是圈养鸡而影响鸡的销售价格。

如果为减少啄癖的发生而确定需要断喙，也要严格控制断喙长度。断喙时将雏鸡喙尖在断喙器上轻轻地烙烫，去掉上喙尖钩即可，以保证上市时成鸡喙的完整性。断喙前 1 天在饮水中加入复合维生素以减少应激。

断喙虽然可以有效地防止啄癖的发生，但会给鸡造成极大的痛苦。为了减轻鸡的痛苦，可以给优质鸡带眼罩，防止发生啄癖。

鸡眼罩又叫鸡眼镜（图 6-1），是用佩戴在鸡的头部遮挡鸡眼正常平视光线的特殊材料。使鸡不能正常平视，只能斜视和看下方，防止饲养在一起的鸡群相互打架，相互啄毛、啄肛、啄趾、啄蛋等，降低死亡率，提高养殖效益。可以让土鸡戴着眼镜出售，这样就出现了一种新型的眼镜土鸡，售价相对就可以提高很多。

当土鸡体重达到500克以后，就开始佩戴鸡眼罩至上市。把鸡固定好，先用一个牙签或金属细针在鸡的鼻孔里用力扎一下并穿透，如有少量出血，可用酒精棉擦拭。左手抓住鸡眼镜突出部分向上，插件先插入鸡眼镜右孔后对准鸡鼻孔，右手用力穿过鸡鼻孔，最后插入镜片左眼，整个安装过程完毕（图6-2）。

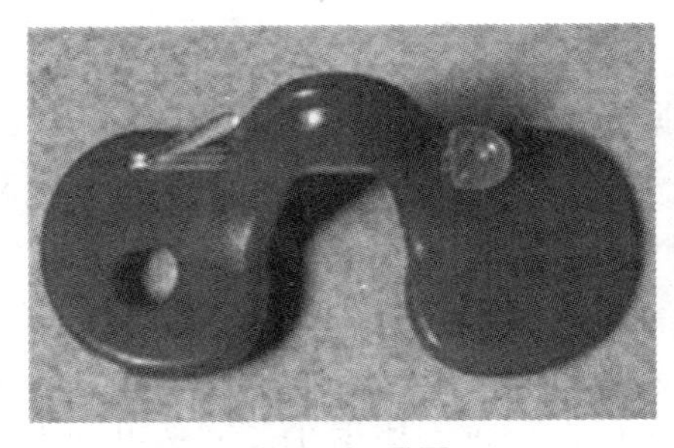

图6-1　眼罩

图6-2　给土鸡戴上眼罩

五、光照时间和强度

密闭鸡舍1~3日龄雏鸡24小时光照，以后每天为20~23小时，避免在突然停电情况下，雏鸡惊群。光照强度不可过大，否则会引起啄癖。开放式鸡舍白天应采取限制部分自然光照，这可通过遮盖部分窗户来达到此目的。随着鸡的日龄增加，光照强度则由强变弱。1~2周龄时，每平方米应有2.4~3.2瓦的光照度（灯距离地面2米）；从第3周龄开始改用每平方米0.8~1.3瓦；4周龄后，弱光可使鸡群安静，有利于生长。

六、通风换气

通风换气可保持空气新鲜；舍内不应有刺鼻、刺眼的感觉。为使室内保持有新鲜空气就必须处理好温度和通风的关系，寒冷季节理想的通风方式为横向通风，横向通风进风口与排风口距离较近，比较容易在短时间内将污染空气排出舍外，通风方法有自然通风和机械通风两种，密闭鸡舍多采用后者。

七、观察鸡群

每隔1~2小时观察一次鸡群，若雏鸡挤在一堆则可轻轻拍打育雏器，使小鸡分散，以免压死小鸡。通过喂料的机会观察雏鸡对给料的反应、采食的速度、争抢程度、采食量等，以了解雏鸡的健康情况；每天观察粪便的形状和颜色，以判断饲料的质量和发病的情况；留心观察雏鸡的羽毛状况、眼神、对声音的反应等，通过多方面判断来确定采取何种措施。

发现有严重缺陷的鸡要随时挑出和淘汰，适时调整和疏散鸡群，注意护理弱雏，提高育雏的质量。

八、做好记录

饲养中应认真做好各项记录。每天检查记录的项目有：健康状况、光照、雏鸡分布情况、粪便情况、温度、相对湿度、死亡、通风、饲料变化、采食量及饮水情况等。

九、消毒

带鸡消毒在养鸡业中应用广泛，常用的消毒药有氯制剂、碘制剂等。常采用喷雾法，高度超过鸡背20~30厘米，一般每天1~2次，可预防疾病和净化舍内空气。同时，育雏期的一切工具，都要定时消毒。

十、雏鸡的免疫

为防止雏鸡各种传染病的发生，应根据种鸡场提供的鸡免疫程序，做好鸡新城疫、传染性法氏囊炎、传染性支气管炎、禽流感、鸡痘等的免疫工作。

（一）防疫

下列推荐的土鸡免疫程序供参考。具体见表 6-3。

表 6-3　土鸡育雏期推荐免疫程序

日龄	疫苗	免疫方法
1	马立克病疫苗	皮下注射
3~5	鸡传染性支气管炎疫苗	点眼或滴鼻
8~10	新城疫克隆 30 或Ⅳ系+H120	滴鼻或饮水
13~15	法氏囊 B87 或法氏囊多价苗	滴鼻或饮水
	鸡痘疫苗	翅部刺种或皮下注射
15~18	禽流感 H5+H9 二联灭活苗	皮下或肌内注射
23~25	法氏囊 B87 或法氏囊多价疫苗	滴鼻或饮水
30~35	新城疫克隆 30 或Ⅳ系+传染性支气管炎 H52	滴鼻或饮水
	或新城疫-传染性支气管炎二联灭活苗	皮下或肌内注射
40~45	禽流感 H5+H9 二联灭活苗	皮下或肌内注射

注：马立克病疫苗一般在孵化场内就已经注射。

（二）药物预防

4~21 日龄鸡最易发生白痢，从第 3 日开始在饲料中添加药物预防。预防药物如恩诺沙星、大蒜汁等；15~60 日龄易发生鸡球虫病，可用克球粉、氯胍、青霉素等加入饮水中，药物连喂 5 天后停 2 天，可继续饲喂。在中后期防治疾病尽可能不用人工合成药物，多采用中药及采取生物防治，以减少和控制鸡肉中的药物残留。

第七章　土鸡育成期的生态放养

第一节　土鸡育成期的生理特点与一般管理

雏鸡 7~21 周龄是育成期阶段。育成期饲养管理的好坏，决定了鸡在性成熟后的体质、产蛋性能和种用价值。

一、土鸡育成期的生理特点

土鸡育成期仍处于生长迅速、发育旺盛的时期，机体各系统的功能基本发育健全；羽毛已经丰满，换羽已经长出成羽，具备了体温自体调节能力；消化能力日趋健全，食欲旺盛；钙、磷的吸收能力不断提高，骨骼发育处于旺盛时期，此时肌肉发育最快；脂肪的沉积能力随着日龄的增长而增强，必须密切注意，否则鸡体过肥，对以后的产蛋量和蛋壳质量有极大的影响；体重的增长随日龄的增加而逐渐下降，但育成期增重幅度仍然最大；小母鸡从第 11 周龄起，卵巢滤泡逐渐积累营养物质，滤泡渐渐增大；18 周龄以后性器官发育更为迅速。由于 12 周龄以后性器官发育很快，对光照时间长短的反应非常敏感，不限制光照，将会出现过早产蛋等情况。

二、土雏鸡的脱温

脱温又称离温，是指停止保温，使雏鸡在自然的室温条件下生活。土雏鸡随着日龄的增长，采食量增大，体重增加，体温调节功能逐渐完善，抗寒能力较强，或育雏期气温较高，已达到育雏所要求的温度时，此时要考虑脱温。

脱温时间，春雏一般在 30～45 日龄，夏雏和秋雏脱温时间较早，冬雏为 50～60 日龄。脱温时间的早晚因气温高低、雏鸡品种、健康状况、生长速度快慢等不同而定，脱温时间要灵活掌握。如冬雏往往已到脱温日龄，但室内外温度较低、昼夜温差较大，或者雏鸡体弱多病，要延迟脱温。脱温工作要有计划地逐渐进行，开始时白天停温，晚上仍然供温，或气温适宜时停温，气温低时供温，经 1 周左右，当雏鸡已习惯于自然温度时，才完全停止供温。

在养鸡实践中常遇到，特别是冬雏，当脱温后不久，气候突变，冷空气袭击，此时仍要适当供温。因此，雏鸡脱温时期仍要注意天气的变化和雏鸡的活动状态，采取相应的措施，防止因温度降低而造成损失。

三、土雏鸡脱温后的一般饲养管理

鸡从第 6 周开始，应根据当地气温变化情况训练脱温，先白天不给温，只在夜间给温，晴天不给温，阴天气温偏低时给温，然后逐渐减少每天给温次数，最后完全脱温。土鸡脱温后的饲养阶段为 43～120 日龄，这一阶段应做好几方面的工作。

（一）放养棚舍

放牧鸡的地方必须有采食的饲料资源，也就是昆虫、饲草、野菜、草籽等，也可以选择使用山地、坡地、林果地、农田、荒地、草场及草山、草坡、河湖滩涂和经济林地等地方，要求不是很严格。最好是地势平坦或者缓坡、背风向阳的地方。放牧饲养时，每 667 米^2 土地可以饲养鸡 200～300 只。有条件的地方可以轮换放牧，这样有利于资源的可持续利用，提高经济效益。搭建

棚舍的技术要求不严格，尽量选择坐北朝南的地方，高度 2 米以上，跨度 4～5 米，能够做到避风、遮雨、遮蔽阳光照射，有利于防止鼠害即可。建筑材料可以因地制宜，如利用简易板房；也可搭建塑料大棚。北方黄土高原地区可依山势建土窑洞，供鸡晚上休息所用。

（二）栖架

放养土鸡有登高栖息的习性，需要设置栖架，栖架由数根栖木组成，栖木大小应视鸡舍内鸡数而定。每只鸡占有栖木长度因品种不同稍有差异，一般为 17～20 厘米。整个栖架为阶梯状，前低后高，栖架离地面高度一般为 50～70 厘米，最里边一根栖木距墙为 30 厘米。每根栖木之间的距离应不少于 30 厘米。每根栖木横断面为 2.5 厘米×4 厘米；上部表面应制成半圆形，以利于鸡趾抓住栖木。栖架应定期洗涤消毒，防止形成“粪钉”，影响鸡栖息或造成趾痛。

（三）训练鸡上栖架

鸡群夜间回到舍后，为避免夜间鸡群归舍后挤压、受潮、受惊，应调教鸡上栖架，设置坡式上架或梯子引导鸡只上架，如果鸡不能自动上架，饲养员应在夜间把鸡抱上架，训导鸡只形成归舍后全部上架的习惯。

（四）调教

放养鸡可以自由活动、采食，给饲养管理工作带来了一定的困难。因此，放养土鸡从小就要进行调教，养成良好的条件反射，以便于管理。调教是指在特定环境下给予特殊指令或信号，使鸡逐渐形成条件反射或产生习惯性行为。

1. 喂料饮水的调教 从育雏期开始，每次喂料时给鸡群相同的信号（如吹哨、敲打料盆等），使其形成条件反射（图 7-1）。放养后通过该信号指挥鸡群回舍、饲喂、饮水等活动。坚持放养定人，喂料、饮水定时、定点，逐渐调教，形成白天野外采食，晚上返回鸡舍补饲、饮水、休息的习惯。

图 7-1　放养鸡听到信号后飞回鸡舍吃料、饮水

2. 放牧调教　放养前一天下午或傍晚一次性把雏鸡转入放养地鸡舍，第 2 天早晨天亮后不要马上放鸡，要让鸡在鸡舍内停留较长的一段时间，以便熟悉新环境。等到上午 9 时以后再放出喂料。饲槽放在离鸡舍 1～5 米远的地方，让鸡自由觅食。开始几天，每天放养时间要短，以后逐日增加放养时间，并设围栏限制活动范围，然后再不断扩大放养面积。

第二节　土鸡育成期的放养管理

一、放养前的准备工作

（一）对放养地点进行检查

查看围栏是否有漏洞，如有漏洞应及时进行修补，减少鼠、蛇等的侵袭造成的损失；在放养地搭建固定式鸡舍或安置移动式鸡舍，以便鸡群在雨天和夜晚歇息。在放养前，灭一次鼠，但应注意使用的药物，以免毒死鸡。

对鸡棚下地面进行平整、夯实，然后喷洒生石灰水等进行消

毒。垫草要求无污染、无霉变、松软、干燥、吸水力强及长短适宜，可选择锯末、刨花、谷壳和干树叶等。每 100 只鸡需要一个 8 千克的塑料饮水器。饲槽按每只鸡 3 厘米采食宽度设置，也可选择塑料桶。开始放养的一段时间内，鸡仍以采食饲料为主，以后逐步转为以觅食为主，所以应备足饲料。

（二）鸡群筛选

对拟放养的鸡群进行筛选，淘汰病弱、残疾和体弱鸡只。

（三）强化训练

雏鸡在育雏期即进行调教训练，育雏期在投料时以口哨声或敲击声进行适应性训练。放养开始时强化调教训练，在放养初期，饲养员边吹哨或敲盆边抛撒饲料，让鸡跟随采食；傍晚，再采用相同的方法，进行归巢训练，使鸡产生条件反射，形成习惯性行为，通过适应性锻炼，让鸡群适应环境，放养时间根据鸡对放养环境的适应情况逐渐延长。

二、放养密度

放养应坚持“宜稀不宜密”的原则。根据林地、果园、草场、农田等不同生态饲养环境条件，其放养的适宜规模和密度也有所不同。各种类型的放养场地均应采用全进全出制，一般一年饲养 2 批次，根据土壤对畜禽粪尿（氮元素）的承载能力及生态平衡，在不施加化肥的情况下，不同放养场地养殖密度分别为：

1. 阔叶林（图 7–2）　承载能力为 134 只/（667 米^2 · 年），每年饲养 2 批，密度为每批不超过 67 只/667 米^2。

2. 针叶林（图 7–3）　承载能力为 60 只/（667 米^2 · 年），每年饲养 2 批，密度为每批不超过 30 只/667 米^2。

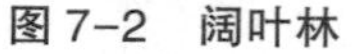
图 7–2　阔叶林

图 7–3　针叶林

3. 竹林（图 7–4）　承载能力为 130 只/（667 米^2·年），每年饲养 2 批，密度为每批不超过 65 只/667 米^2。

4. 果园（图 7–5）　承载能力为 88 只/（667 米^2·年），每年饲养 2 批，密度为每批不超过 44 只/667 米^2。

图 7–4　竹林

图 7–5　果园

5. 草地（图 7–6）　承载能力为 50 只/（667 米^2·年），每年饲养 2 批，密度为每批不超过 25 只/667 米^2。

6. 山坡、灌木丛（图 7–7）　承载能力为 80 只/（667 米^2·年），每年饲养 2 批，密度为每批不超过 40 只/667 米^2。

图7-6 草地

图7-7 山坡、灌木丛

一般情况下，耕地不适宜进行放养鸡饲养，在施加畜禽粪尿时，每667米^{2}土地每年不超过123只肉鸡的粪便。

三、土鸡育成期放养的饲养要点

育成期的鸡生长速度快，食欲旺盛，采食量不断增加。育成期鸡的饲养目的是使鸡得到充分的发育，为后期的育肥打下基础。这个时期，土鸡的饲养方式一般是放牧结合补饲。

（一）公母鸡分群饲养

一般土公鸡羽毛长得较慢，争斗性强，对蛋白质及其中的赖氨酸等物质利用率较高，饲料效率高；母鸡由于内分泌激素方面的差异，增重较慢，饲料效率差。公母分养有利于提高整齐度。

（二）适时放牧

放养前做好信号训练，以哨音为信号，在吹哨的同时给予饲料，让鸡采食，经1周的训练，当鸡听到哨音就可立刻回到饲养员身旁，以保证及时收拢鸡群。加强鸡群看护，防止暴雨、兽害等意外事故的发生。春天至晚秋放养时，应选择无风的晴天。放养的头几天，每天放养2~4小时，以后逐渐延长时间。鸡放养不宜太远，一般控制在1千米以内。实行分区轮牧，即将一定面积的草场划分为几个放牧小区，用1.5米高的尼龙网或篱笆相互分隔，每个小区内采用满天星队形放养。合理组织鸡群，按强弱分群放养，每群以250~300只为好，鸡群不宜过大。一般根据山地草场类型和牧草的数量与质量而定，放养密度每667米^{2}草地250~300只。

（三）科学补饲

鸡野外自由觅食的自然营养物质，远远不能满足鸡生长的需要。应根据鸡的日龄、生长发育、林地草地类型、天气情况决定人工喂料次数、时间、营养及喂料量。放养早期多采用营养全面的饲料，以保障鸡群的健康生长。

根据牧地青草生长及营养状况，给鸡群用料桶或食槽科学补饲，颗粒料可以直接撒在地面上补饲。第1~3周，早、中、晚各喂1次，3~4月龄开始早晚各喂1次。定时定量补饲饲料要根据不同的日龄段，使用全价颗粒料。补饲要定时定量，这样可增强鸡的条件反射。夏秋季可少补，春冬季可多补一些。喂料量随着鸡龄增加，30~60日龄每只鸡补精料25克左右，3~4月龄补30~35克，5~6月龄补40~45克，7~8月龄补50~55克；日补2次，早晨、傍晚各1次。

四、土鸡育成期放养的管理要点

（一）加强鸡只管理

雏鸡脱温后转入成鸡舍，要及时训练鸡只全部上架栖息。尽量减少干扰，保持环境安静。

（二）转群管理

转群是土鸡饲养过程中的重要一环，由于转群本身和鸡对新环境的适应都能产生应激反应，为将此应激降低到最低限度，转群必须做好以下工作。

1. 转群前充分准备　饲管人员事先要了解所转入鸡舍的情况，如疾病发生情况、免疫情况，做到心中有数，为转群后做准

备。对所要转入鸡舍和设备进行维修，清洗鸡舍，于转群前1周进行彻底熏蒸消毒，同时调整转入鸡舍的料槽、水槽位置，备好饲料和饮水。

需要转舍的鸡应在原舍内事先带鸡消毒，前3天，饲料中添加各种维生素1~2倍和饮电解质溶液，转群前4~6小时应停料。若转群距离较远，应备好运输工具并做好消毒。

从育雏舍转到育成舍，尽量减少两舍间温差，尤其冬季或早春应在育成舍内备好取暖设备，使温度达到15℃左右。

2. 科学转群　一般雏鸡在7周龄应及时转入育成鸡舍，到17~18周龄转入产蛋鸡舍，最迟必须在18周龄前转入产蛋鸡舍。转群时间夏天选择凉快的晚上或清晨，冬季选择暖和的中午，春、秋季避开雨天。为使鸡只有足够的时间采食和饮水，转群当天要24小时光照。为了防止转群人员带来交叉感染，人员最好分三组，即抓鸡组、运鸡组、接鸡组。抓鸡时必须轻拿轻放，专抓鸡腿，不允许抓颈、尾部。装鸡运输箱每平方米鸡密度为：6周龄15~20只，17~18周龄8~10只。转群时特别注意不能与断喙、免疫同时进行，防止额外应激反应。

3. 及时清理整群　结合转群对鸡群进行清理和选择，选择时尽量把体重相似的鸡放在一个笼内，淘汰不合标准的劣质鸡如跛腿、瞎眼、病弱、残次、体重过大或过小和异性鸡。将强壮、胆大、性能暴烈、体质相似的鸡组合成一群，把弱小、胆小、性情温顺的鸡组合成一群，最后彻底清点鸡数。

4. 转群后的饲养管理　转群后的3天内，饲料中应加喂各种维生素1~2倍量和饮电解质溶液，如强力多维素或维生素保健粉等。饲管中要做到：

（1）注意观察鸡饮水情况。夏天用清洁的凉开水，冬天最好用温水。对体型较小、虽能吃到食但饮不到水的鸡，应调换笼位和降低水槽，确保鸡充足饮水。

（2）防惊飞。保持场内安静，避免噪声污染。饲喂动作要轻、慢，外人不得进入鸡舍，饲养人员固定，喂食、清扫、消毒准时进行，防止鸡只因环境变化发生惊群、惊飞而撞伤或撞死。

（3）要加强检查、巡视。

（4）预防恶癖。在日粮中添加1%石膏粉，给予弱鸡群特殊照顾，以减少和杜绝恶癖的发生，促进较弱鸡的生长发育。

（5）正确换料。给青年鸡换料，如果急于一次性完成换料，会因钙和粗蛋白质的成分突然增高，特别是蛋白质增高，饮水量增加，鸡的机体因消化吸收不良而引起拉稀。因此，给青年鸡换料，饲料含钙一般在1%左右，粗蛋白质在15.5%左右。饲料转换要逐渐过渡，第1天育雏料和生长期料对半，第2天育雏期料减至40%，第3天育雏料减至20%，第4天全部用生长期料。每次换料必须经过过渡饲喂。

（6）科学免疫。按照免疫程序备好所需疫苗，待转群稳定后适时接种，最好在开产前10天完成各种免疫接种，防止开产后免疫对鸡产蛋的影响。

（三）驱虫

一般放牧20~30天后，就要进行第1次驱虫，相隔20~30天再进行第2次驱虫。主要是驱除体内寄生虫，如蛔虫、绦虫等。可使用驱虫灵、左旋咪唑或丙硫苯咪唑。第1次驱虫，每只鸡用驱虫灵半片，第2次驱虫，每只鸡用驱虫灵1片。可在晚上直接口服或把药片磨成粉，再与饲料拌匀进行喂饲。一定要仔细将药物与饲料拌得均匀，否则容易产生药物中毒。第2天早上要检查鸡粪，看是否有虫体排出。并要把鸡粪清除干净，以防鸡只食虫体。如发现鸡粪里有成虫，次日晚上可以同等药量再驱虫1次。

（四）严防中毒

果园内放养时，果园喷过杀虫药和施用过化肥后，需间隔7

天以上才可放养，雨天可停 5 天左右。刚放养时最好用尼龙网或竹篱笆圈定放养范围，以防鸡到处乱窜，采食到喷过杀虫药的果叶和被污染的青草等，鸡场应常备解磷定、阿托品等解毒药物，以防不测。

五、加强土鸡育成期的日常观察

放养土鸡在育成期阶段，搞好鸡群饲养管理的同时，必须经常查看鸡群的健康状况，以便及时发现问题，采取措施，确保鸡群的健康。

（一）观察鸡冠及肉垂颜色

鸡冠及肉垂颜色是鸡只健康与否的重要标志：鲜红色是健康鸡的正常颜色；白色，表明机体消耗过大，一般为营养不良的休产鸡；黄色，是功能障碍或患有寄生虫病的表现；紫色，通常是患鸡瘟、禽霍乱的病鸡；黑色，一般是患有马立克病、鸡瘟或冻伤所致。

（二）观察羽毛状况

鸡周身掉毛，但舍内未见羽毛，说明被其他鸡吃掉，这是机体内缺硫所致，应采取补硫措施。鸡在换羽结束、开产前及开产初期羽毛是光亮的，如果此期不光亮是由于缺乏胆固醇，要补喂一些含胆固醇较高的饲料。产蛋后期羽毛不光亮、污浊无光或背部掉毛的为高产鸡。

（三）观察食欲情况

食欲旺盛，说明鸡生理状况正常，健康无病。减食，一般是由饲料突然改变、饲养员变更、鸡群受惊等因素所致。不食表明鸡处于重病状态。异食，说明饲料营养不全，特别是矿物质及微量元素不足。挑食，是由于饲料搭配不当、适口性差所致。

（四）观察鸡群状态

健康鸡群表现为精神活泼，反应灵敏。部分鸡精神沉郁，离群闭目呆立、羽毛蓬乱、翅膀下垂、呼吸有声等是发病的预兆或处于发病初期。大部分鸡精神萎靡，说明有严重疫病出现，应尽快予以诊治。

（五）观察肛门

鸡在产蛋期，肛门周围大都有粪便污染的痕迹。停产期及不产蛋鸡的肛门清洁，腹部羽毛丰满光滑。若肛门周围有黄色、绿色粪便或有黏液附着，并伴有其他异常表现，则表明鸡患有疾病。

（六）观察粪便颜色、形态及气味

1. 鸡粪便正常情况 健康鸡粪便正常颜色呈灰色，不软不硬，堆状或粗条状，表面覆盖少量白色尿酸盐。其量的多少可以衡量饲料中蛋白质含量的高低及吸收水平。茶褐色黏便是由盲肠排出的正常粪便。

2. 异常粪便 褐色稠粪也属于正常粪便，其恶臭的气味是由于鸡粪在盲肠内停留时间较长所致；红色、棕红色稀粪说明肠道内有血，可能患有白痢分枝杆菌病或球虫病；黏液状表示患有卵巢炎、腹膜炎，这种鸡已没有生产价值，应尽快淘汰；黄绿色或黄白色附有黏液、血液等恶臭稀粪，说明有胆汁排到肠道内，多见于新城疫、霍乱、伤寒等急性传染病，发现后应立即隔离，全面诊断并予以淘汰；白色糊状或石灰浆样的稀粪，多见于雏鸡白痢分枝杆菌病、传染性法氏囊病等，发现后立即隔离，全面诊断并予以淘汰。

六、土鸡育肥期的饲养管理

放养土鸡从12周龄至上市的时期是育肥期。此期的饲养要点是促进鸡体内脂肪的沉积，增加鸡的肥度，改善肉质和羽毛的光滑度，做到适时上市。在饲养管理上应注意以下几点：

（一）调整饲料

随着鸡的日龄增长，体内增长的主要组织与中鸡阶段有很大差别。鸡沉积适度的脂肪可改善土鸡的肉质，提高胴体外观的美感。此期一般应提高日粮的代谢能，相对降低蛋白质含量，鸡育肥期的能量一般要求达到每千克 12.54 兆焦，粗蛋白在 15%左右即可。为了达到这个水平，往往需增加动物性脂肪。

（二）适当减少活动

育肥期采用放牧育肥时，一方面可以让鸡采食大自然的昆虫及树叶、杂草等节约饲料；另一方面可提高鸡的肉质风味，使上市鸡的外观和肉质更好。进入育肥期应减少鸡的活动范围和运动，以利于育肥。

（三）搞好防疫

严格执行消毒程序，鸡舍周围每 2～3 周消毒一次，放养鸡的周围及场内污水池、排粪坑、下水道出口，每 1～2 个月消毒一次，必要时及时机械性处理垃圾。定期对饮水器、料槽清洗消毒。重视杀虫、灭鼠工作，预防疾病发生。

1. 仔细观察生长状况　在育成鸡的饲养过程中，应当注意育成鸡的生长状况，注意观察。

2. 适时分群　随着鸡群日龄的增大，鸡的密度也就越来越大，应及时地进行分群，分群后可以通过调整投料量来调节。在鸡群中总会出现一些瘦弱的个体，育成期间一定要勤观察、勤调整，及时挑出个体弱小的鸡群进行集中饲养，使其尽快达到标准体重。

3. 控制密度　密度对育成鸡的生长发育有着重大影响。密度过大，鸡的活动受到限制，空气污浊，湿度增加，垫料增多，导致鸡只生长缓慢，群体整齐度差，易感染疾病，死亡率升高，且易发生鸡相互残杀，啄肛、啄羽等恶癖。饲养密度应为每平方米 2～4 只。

4. 饲喂 青年鸡营养要求与雏鸡是有较大区别的，必须重视饲料日粮的配合。日粮中各种营养成分的含量都要低些，尤其是粗蛋白和能量的水平要随着鸡体重的增加而减少，否则，鸡会大量积聚脂肪，引起过肥，影响今后产蛋量。粗蛋白可从16%逐步减少至14%左右，可适当加大麸皮或各类饲料的喂量，特别要注意补充维生素和矿物质，每次更换饲料时不能一次突然改变，应有1周左右的过渡期逐步更换。

（四）适时上市

为增加鸡肉的口感和风味，应适当延长饲养周期，控制出栏时间，一般应在120天以后。有时需要根据市场行情及售价，适当缩短或者延长上市时间。

第八章　土鸡产蛋期的生态放养

放养土鸡到了育成期就实行公母分群饲养。如果都作为商品鸡出售，小母鸡可按小公鸡的方法饲养。若养成产蛋鸡，则要按照产蛋鸡的要求进行饲养管理，生产高质量的土鸡蛋，达到高产、优质的目的。

第一节　放养土鸡产蛋前的准备

一、做好开产前的准备工作

鸡舍和设备对产蛋鸡的健康和生产有较大影响。开产前要检修鸡舍及设备，认真检查供电照明系统、通风换气系统，如有异常应及时维修；对鸡舍和设备进行全面清洁消毒。另外，要准备好所需的用具、药品、器械、记录表格和饲料，安排好饲喂人员。

产蛋期要在补饲点或鸡舍内搭建长 30 厘米、宽 25 厘米、深 30 厘米的产蛋窝（图 8-1）或产蛋箱（图 8-2），也可直接使用竹制或木制的产蛋箱。以每 5 只鸡搭建 1 个产蛋窝（箱）为宜，在产蛋窝（箱）里放置适量干燥的干草或麦秸，以减少鸡蛋破损。

图 8-1　产蛋窝

图 8-2　产蛋箱

二、免疫接种

开产前要进行免疫接种，这次免疫接种对防止产蛋期疫病发生至关重要。免疫程序合理，符合本场实际情况；疫苗来源可靠，保存良好，有质量保证；接种途径适当，操作正确，剂量准确。接种后要检查接种效果，必要时进行抗体检测，确保免疫接种效果，使鸡群有足够的抗体水平来防御疾病的发生。

三、产蛋前的调教

鸡喜欢在光线较昏暗、隐蔽性较好、较安静的地方产蛋，这样会有安全感，产蛋也较顺利。母鸡在产第一个蛋之前，往往表现出不安，会寻找合适的产蛋地点。当鸡看到别的鸡已造好窝或产蛋箱内有蛋（引蛋）时，会产生认同感，认为此窝适宜产蛋，也容易把它当作自己的窝而在其中产蛋。鸡的产蛋具有定巢性，一般鸡的第一个蛋产在什么地方，以后仍到这个地方产蛋，如果这个地方被别的鸡占用，宁可在巢门口等候而不愿进入旁边的空巢，在等不及时往往几只鸡同时挤在一个巢箱中产蛋，尽管受到正在产蛋母鸡的竭力排斥与驱逐也毫不在乎。因此，开产前的调教极为重要。

开产前 1 周左右，应准备并放置好产蛋箱，让鸡熟悉产蛋箱内的环境。产蛋箱应背光放置或遮暗，保持产蛋箱处安静无干扰，产蛋箱要足够，一般要按照 5 只母鸡一个产蛋窝。产蛋箱内应铺清洁干燥的垫料。当有的母鸡找不到产蛋箱或不愿意进产蛋箱产蛋时，可先在产蛋箱里放上一个引蛋，让产蛋母鸡认同这个产蛋箱，从而顺利在此产蛋（图 8-3、图 8-4）。

图 8-3　产蛋箱内先放置引蛋

图 8-4　引导母鸡进入产蛋箱产蛋

第二节　土鸡产蛋期的放养管理

一、土鸡产蛋期日粮的营养浓度

饲料应以精料为主，适当补饲青绿多汁饲料，其精料营养浓度，粗蛋白含量在 15%~16%、钙为 3.5%、磷为 0.33%、食盐为 0.37%。要加强鸡过渡期的管理，由育成期转为产蛋期喂料要有一个过渡期，当产蛋率在 5%时，开始喂蛋鸡料，一般过渡期为 6 天，在精料中每 2 天换 1/3，最后完全变为蛋鸡料。参考配方为：玉米 60%、豆粕 18%、花生仁饼 6%、鱼粉 3%、贝壳粉 8%、骨粉 1.8%、植物油 1.9%、油脂 1%、食盐 0.3%。

二、增加光照时间

由于土鸡在自然环境中生长，其光照为自然光照，天亮放鸡，天黑关鸡，产蛋季节性很强，一般为春夏产蛋，秋冬季逐渐停产。在人工辅助饲养的条件下，应尽量使光照基本稳定，促使产蛋性能相应提高。一般实行早晚两次补光，早晨固定在6时开始补到天亮，傍晚6时30分开始补到10时，全天光照为16小时以上，产蛋2~3个月后，将每日光照时间调整为17小时，早晨补光从5时开始，傍晚不变，补光的同时补料；补光一经固定下来，就不要轻易改变。

三、产蛋初期饲养

（一）看蛋重增加趋势

初产蛋很小，一般只有35克左右，2个月后增重达42克，基本达到标准蛋。产蛋初期、前期蛋重在不断增加，即越产越大，蛋形圆满而个大，平均24个1千克，说明鸡营养充分；如果营养不充足时则为28~29个1千克，这样的蛋说明鸡养得不好，管理不当，营养不平衡。

（二）看蛋形

土鸡蛋蛋形圆满。若蛋大端偏小，是欠早食，应补充足够的精料。

（三）看产蛋率上升趋势

初产蛋上升快，最迟3个月后产蛋率达到60%左右；如果产蛋率波动较大，甚至出现下降，要从饲养管理上找原因。

（四）看鸡体重

产蛋一段时间后，如鸡体重不变，说明管理恰当；鸡过肥，是能量饲料过多，说明能量、蛋白质的比例不当，应减少精料，增加青绿饲料；如鸡体重下降，说明营养不足，应提高精料质

量，使蛋鸡不肥不瘦。

（五）看食欲

喂鸡时，鸡很快围聚争食，说明食欲旺盛，可以适当多喂些；若来得慢，不聚拢争食，说明食欲差或已觅食吃饱，应少喂些；健康食欲旺盛的土鸡，羽毛光滑、紧密、贴身。另外，对啄羽、啄肛等异常情况，都应仔细观察，及时治疗。

四、母鸡抱窝性与醒抱

春末夏初还要注意母鸡抱窝性的出现。应增加拣蛋的次数，拣净新产的鸡蛋，做到当日蛋不留在产蛋窝内过夜。实践中也有狗领捡蛋法，狗从小用鸡蛋喂养，长大后对鸡蛋有特殊的嗅觉，据此，饲养员可牵着狗捡鸡蛋。此法仅可作为生态放养蛋鸡捡蛋的一种补充。

因为幽暗环境和产蛋窝内鸡蛋不取，可诱发母鸡抱窝性。一旦发现就巢鸡应及时采取措施，促使母鸡快速醒抱。

（一）改变环境醒抱法

当发现母鸡抱窝，可在傍晚鸡群入舍前，及时将其放在光线明亮有公鸡但无产蛋箱（产蛋箱遮盖上）的鸡舍中，不让母鸡在产蛋箱内过夜。赖抱鸡（母鸡产蛋到一定的数量后就“打抱”，也称“赖抱”“抱窝”）在改变环境的刺激下，又不得安宁，会很快醒抱。用水将抱窝母鸡羽毛浸湿，经过几天后母鸡也会停止抱窝。或将其吊在光亮的地方，使其不能长期伏卧，这样很快会醒抱。同时供给充足的饲料与饮水，让其自由采食。最好在饲料中添加适量的维生素。

1. 光亮通风　将抱窝的母鸡抓出隔离，白天把抱窝母鸡放在光亮的地方，使它抱不成窝；晚上也一直开着灯；把鸡笼挂在通风的地方，使鸡体温降低，可以抑制催乳激素的产生和就巢行为的出现。

2. 换位 把抱窝鸡换入新鸡群内，由于生活环境改变，鸡群改变，对抱窝鸡也是一种刺激，可促使其醒抱。

（二）笼子关养

笼子关养是将抱窝鸡关入装有食槽、水槽、底网倾斜度较大的鸡笼内，放在光线充足、通风良好的地方，保证鸡能正常饮水和吃料，使其在里面不能蹲伏，5 天后即可醒抱。

（三）灌服食醋

于早晨空腹时给抱窝鸡灌服食醋 5～10 毫升，隔 1 小时灌 1 次，连灌 3 次，2～3 天即可醒抱。

（四）化学药物法

1. 喂去痛片 在鸡开始抱窝的第 1 天晚上，喂 1 片去痛片，第 2 天再喂 1 片，到第 3 天时如只是“咕咕”叫而不抱窝，即可停止服用药；如第 3 天仍在抱窝，可再加服 1 片，一般连喂 2～3 天即可醒抱。

2. 口服阿司匹林 让母鸡在抱窝初期口服阿司匹林 1 片，每天 2 次，连服 3 天，即可醒抱。

3. 注射硫酸铜溶液 每只抱窝鸡肌内注射 20%硫酸铜溶液 1 毫升，每天 1 次，连注 4～5 天，促使其脑垂体前叶分泌激素，增强卵巢活动而不再抱窝。

（五）激素注射法

1. 丙酸睾酮注射液（每毫升含 10 毫克、25 毫克、50 毫克） 丙酸睾酮注射液是一种很好的醒抱药。鸡体重在 1～2 千克用 12.5 毫克，2～3 千克用 25 毫克，肌内注射后 1～2 天，抱窝鸡就能很快离巢，并能很快恢复产蛋。对于已抱窝数日的母鸡，应用其他方法往往收效较差，但若用丙酸睾丸素注射 1～2 次后，亦常有效。若用量不足，则效果差，甚至 1～2 天后重新就巢。这时可补加剂量进行第 2 次注射，若用量过大，除醒抱外，母鸡会出现雄性反应，出现鸣叫和类似公鸡的行为表现，不过 2～4 天

后即可自行消失。

2. 注射三合激素 三合激素即丙酸睾酮、黄体酮、苯甲酸雌二醇配合而成的油溶性针剂。每只抱窝鸡胸部肌内注射0.5~1毫升。若效果不明显，隔3天第2次注射，一般醒抱后2~3周可恢复产蛋。应当注意，如果应用此法不当，会影响受精率和产蛋率。

五、严格防疫消毒

在放养环境中生长的土鸡，其本身就容易受外界疾病的影响，如果防疫、消毒不到位，就很难保证鸡的成活率，效益也就无从谈起。因此，一要按照鸡疫病防疫程序进行防治。防治重点应放在鸡新城疫、禽流感、传染性法氏囊病、传染性喉气管炎、禽出血性败血症和球虫病上，搞好疫苗接种和预防监测；同时还要定期在兽医人员指导下用一些无残留的药物预防疾病。二要搞好卫生消毒。鸡栖息的棚内及附近场地坚持每天打扫、消毒，水槽、料槽每天刷洗，清除槽内的鸡粪和其他杂物，让水槽、料槽保持清洁卫生。放养场进出口设消毒带或消毒池，并谢绝参观。三要做到“全进全出”。每批鸡放养完后，应对鸡棚彻底清扫、消毒，对所用器具、盆槽等熏蒸1次再进下一批鸡。

六、注意收看收听天气预报

应注意天气变化，如恶劣天气或天气不好时不要上山放养，应采取舍饲；下暴雨、冰雹，刮大风、沙尘暴时应及时将鸡群赶回棚内，避免死伤造成损失。

七、鸡群健康状况观察

（一）放鸡时观察

每天早晨放鸡外出时，健康鸡总是争先恐后向外飞跑，弱者常常落在后边，病者不愿离舍或留在栖架上，这样可及早发现，及时隔离和治疗，以防疫病传播。

（二）清扫时观察

清扫鸡舍或清粪时，观察粪便是否正常。正常粪便应是软硬适中的堆状或条状物，上面覆有少量的白色尿酸盐沉积物；若粪便过稀，则为摄入水分过多或消化不良；浅黄色泡沫粪便大部分由肠炎引起；白色稀便则多为白痢病的象征；球虫病的特征是深红色血便。

（三）喂料时观察

喂料时观察鸡的精神状态，健康鸡对喂料特别敏感，往往显得迫不及待；病弱者来吃食会被挤在一边，或吃食动作迟缓，反应迟钝或无反应；病重者表现出精神沉郁，两眼闭合，低头缩颈，翅膀下垂，站立不动等。

（四）呼吸时观察

晚上可倾听鸡的呼吸是否正常。若带有“咯咯”声，说明患呼吸道疾病。

（五）采食时观察

若鸡的采食量逐渐增加则为正常；若表现出拒食、拒饮或采食量减少，则为病鸡。

（六）产蛋时观察

对产蛋鸡要特别注意与产蛋有关的情况，如当天产蛋的多少、蛋的大小、蛋形、蛋壳光滑度、破损率、蛋壳颜色等。另外，对羽毛整齐度、冠髯色泽及有无啄羽、啄肛等异常情况，都应仔细观察，一旦发现问题，要及时治疗和处理。

第九章　种用土鸡的饲养管理

种用土鸡按生长发育不同，一般可以分为育雏期、育成期和产蛋期三个生理阶段。各个阶段在生理特点、生长发育规律和生产性能上存在很大差异。根据不同的生理阶段，给予不同的饲养管理。0~7 周龄是土鸡的育雏期，其饲养管理同商品土鸡，但育成期、产蛋期有特殊的要求。

第一节　种用土鸡育成期的饲养管理

土鸡从育雏结束，一直到开始见蛋的时期称为育成期，也叫后备鸡阶段。相对于培育鸡种，土鸡的性成熟期较晚，育成期时间长，即便是早熟品种的土鸡，如浦东鸡、萧山鸡、固始鸡等，开产周龄也在 26~30 周；晚熟品种，如北京油鸡、寿光鸡等，需要到 32~34 周龄才能开产见蛋。

一、种用土鸡育成期的生理特点和培育目标

（一）育成期的生理特点

种用土鸡育成期已经长出称羽且羽毛丰满，体温调节功能健全，对外界环境具有了较强的适应能力。同时，消化功能渐强，采食多，容易过肥；钙磷的吸收能力强，骨骼发育旺盛，肌肉生长最快。因此，要适当降低日龄的蛋白质水平，保证微量元素和

维生素的足量供给，到了育成后期，还要增加钙的喂量。

小母鸡从第 11 周龄开始，卵巢滤泡开始逐渐积累营养物质，滤泡渐渐增大；小公鸡 12 周龄后睾丸及副性腺发育速度加快，精细胞开始出现。到了 18 周龄，性器官发育更加迅速。从 12 周龄以后，土鸡的性器官发育很快，对光照时间的长短反应敏感，所以应注意光照控制。

（二）育成期土鸡的培育目标

育成鸡的培育目标是通过育雏育成期精心的饲养管理，培育出个体质量和群体质量都优良的育成新母鸡。

鸡群个体要求健康无病，活动灵活，反应敏锐，食欲旺盛，采食有力，体型良好，符合本品种特点，羽毛紧凑光洁；鸡冠、脸、肉髯颜色鲜红，眼睛突出，鼻孔洁净；肛门周边羽毛清洁无污染，粪便色泽、形状、气味等正常；个体挣扎有力，胸骨平直，肌肉和脂肪配比良好。

为保证鸡群群体质量良好，雏鸡应来源于有生产许可证厂家的优质土鸡品种；体重发育符合品种标准，均匀度好，大小一致；抗体水平符合安全指标。

二、种用土鸡育成期的饲养

（一）种用土鸡育成期的饲养方式

1. 笼养　用蛋鸡育成笼饲养育成期土鸡。笼养的优点是：相同房舍饲养数量多；饲养管理方便；鸡体与粪便隔离，有利于疫病预防；免疫接种时抓鸡方便，不易惊群。笼养投资相对较大，每只鸡多投入 1.5 元左右，适合大规模、集约化土鸡饲养。

2. 网上平养　在离地面 40~60 厘米的高度设置平网，把育成期的种用土鸡养在上面。网上平养鸡的鸡体与鸡粪彻底分开，可减少发病机会，提高育成率。平网可用塑料网、木板条、钢丝网或竹板条制成。鸡舍内设网时，注意留有走道，方便饲喂和管理。

3. 地面垫料平养　在舍内地面铺设厚垫料，把育成期的土鸡养在上面。这种方式投资小，适合小规模户使用。其缺点是鸡容易受潮，球虫病感染率高。要加强对垫料的管理，保持垫料具有一定的弹性、松软、干燥，经常翻动，及时更换潮湿结块甚至发霉的垫料。

4. 放牧饲养　土鸡在放牧的过程中，不仅能吃到大量的青绿饲料、昆虫、草籽等营养物质，满足部分营养需要，节约饲料，而且能增加运动，增强体质。放牧地可选择果园、林地、草场、山坡、农田茬地等。天气晴朗时，可延长放牧时间。场地要经常更换或定期轮牧。

（二）种用土鸡育成期的饲养重点

种用土鸡育成期的饲养重点是控制体重，防止过肥而影响产蛋性能的发挥。育成期的饲料营养浓度较育雏期和产蛋期低，应适当加大麸皮、米糠的比例。平养时可供给一定量的青绿饲料，占配合饲料用量的25%左右。育成鸡每天要减少喂料次数，平养时，上午一次性将全天的饲料量投放于料桶或饲槽内；笼养时，上午、下午分两次投料；放牧饲养时，每天傍晚入舍前适当补饲精料。育成鸡每天喂料量的多少要根据鸡体重发育情况而定，每周称重1次（抽样比例为10%），计算平均体重，与标准体重比较，确定下周的饲喂量。育成期土鸡要供给充足、洁净的饮水。

三、种用土鸡育成期的管理

（一）日常管理的重点

1. 脱温　育雏结束，进入育成阶段要脱温。脱温的时间要根据外界环境温度来确定，如冬季育雏时脱温时间可能推迟到8~9周龄，甚至是10周龄。注意逐渐脱温。注意育成鸡的防寒，特别是在寒冷季节，脱温后一定要准备防寒设备，了解天气变化，做好防寒准备，避免突然的寒冷引起育成鸡的死亡。

2. 转群 育成阶段要进行多次转群，如育雏舍转入育成舍，再转入种鸡舍，转群过程中，尽量减少各种应激。

3. 饲养管理程序稳定 严格执行饲养管理操作规程，保证人员稳定、饲养程序和管理程序稳定。

4. 卫生管理 每天清理清扫舍内污物，保持舍内环境卫生；定期清粪；每周鸡舍消毒 2~3 次，周围环境每周消毒 1 次。

5. 搞好环境控制 育成舍内温度应保持在 15~25℃，相对湿度在 55%~60%，注意通风换气，排除舍内氨气、硫化氢、二氧化碳等气体，保证充足的新鲜空气。

6. 细致观察鸡群 每天都要仔细认真地观察鸡群，注意精神状态、采食情况、粪便形态及其他情况，发现异常及时处置。

（二）光照管理

光照管理是控制鸡群性成熟的主要途径。在育成期，特别是育成中后期（7 周龄到开产），光照时间不可延长，光照强度也不可增加。一般以自然光照为主，适当进行人工补充光照。每年 4 月 15 日到 8 月 25 日期间出壳的雏土鸡，育成中后期正处在自然光照逐渐缩短的时期，基本可以完全利用自然光照，即能满足要求；而每年 8 月 26 日至翌年 4 月 14 日所孵化的雏土鸡，到了育成中后期，正处在自然光照逐渐延长的时期，这时要结合人工补充光照（每天定时开灯、关灯），使每天光照保持恒定时间，或者使光照时间逐渐缩短。

（三）体型和均匀度的控制

体型好、发育均匀整齐的鸡群，产蛋量多，种用价值大。定期称测体重和胫骨长度，计算平均体重和平均胫长，根据平均体重调整饲料饲喂量，使育成的土鸡体重符合要求。同时要计算均匀度，了解鸡群发育的均匀情况，并进行必要调整，使育成的新母鸡群体均匀整齐。均匀度指群体内体重在平均体重±10%范围内的个体所占的比例。为了获得较高的均匀度，生产中要做好以

下几方面工作。

(1) 体型和均匀度的管理目标是：育成鸡体重周周达标，为产蛋贮备体能；每周均匀度达到85%以上；9周龄骨骼发育完成80%，15周龄前后发育成熟。

(2) 体重不达标时，要加强管理，确保环境稳定、适宜，饲养密度适宜，不拥挤；适当增加饲喂量，增加饲料中粗蛋白质、钙、磷和微量元素的含量；推迟更换育成鸡料，但最晚不超过10周龄。

(3) 要提高鸡群均匀度，保持鸡群健康、正常的生长发育；喂料均匀，密度适宜，断喙正确；采取分群管理，根据体重大小将鸡群分为三组：超重组、标准组、低标组，对低标组的鸡群增加营养，对超标组的鸡群进行适当限制饲喂。

(四) 补充断喙

在7~12周龄期间对第一次断喙效果不佳的个体进行补充断喙。用断喙器进行操作，要注意断喙长度合适，避免引起出血。

(五) 育成期的选择与淘汰

种用土鸡的选种与淘汰是一项非常重要的工作，只有进行合理的选择淘汰，才能提高整个种鸡群的种用价值，提高合格种蛋的数量，提高商品土鸡的质量和档次，降低饲料成本，从而提高饲养效益。

种用土鸡在育成期内，要结合日常饲养管理，剔除那些喙部交叉、单眼、跛步、体型不正等畸形鸡；羽毛生长不良，眼、冠、皮肤苍白，消瘦的鸡；淘汰有病的个体。在12~13周龄，重点挑选种用公鸡，把那些个体发育良好、冠大鲜红的个体公鸡留作种用；到18周龄，重点选择种用母鸡，观察母鸡全身发育情况，要逐只进行选择，淘汰发育不良的个体。

（六）记录和分析

记录的内容与育雏期相同，根据记录情况每天填写育雏育成鸡周报表。每周根据周报表对育成鸡的体重、胫长和采食情况进行分析，找出问题，制订下一步改进措施。育成期结束，计算育成期成活率和育成成本。

第二节　种用土鸡产蛋期的饲养管理

一、开产前的饲养管理

种用土鸡开产前数周是母鸡从生长期进入产蛋期的过渡阶段。此阶段不仅要进行选留淘汰、免疫接种、饲料更换和增加光照等一系列工作，给鸡造成极大应激，而且这段时间母鸡生理变化剧烈，敏感，适应力较差，抗病力较差，如果饲养管理不当，极易影响产蛋性能。蛋鸡开产前的饲养管理应注意如下几方面。

（一）做好开产前的准备工作

鸡舍和设备对产蛋鸡的健康和生产有较大影响。开产前要检修鸡舍及设备，认真检查供电照明系统、通风换气系统，如有异常应及时维修；对鸡舍和设备进行全面清洁消毒。另外，要准备好所需的用具、药品、器械、记录表格和饲料，安排好饲喂人员。

（二）挑选

1. 开产日龄　土鸡一般在5~6月龄见蛋。

2. 选留淘汰　土鸡要求生长发育良好，均匀整齐。如果参差不齐会严重影响生产性能。要按品种要求剔除体型过小、瘦弱鸡和无饲养价值的残鸡，选留精神活泼、体质健壮、体重适宜的优质鸡。

（三）免疫接种

开产前要进行免疫接种，这次免疫接种对防止产蛋期疫病发生至关重要。免疫程序合理，符合本场实际情况；疫苗来源可靠，保存良好，有质量保证；接种途径适当，操作正确，剂量准确。接种后要检查接种效果，必要时进行抗体检测，确保免疫接种效果，使鸡群有足够的抗体水平来防御疾病的发生。

（四）驱虫

开产前要做好驱虫工作。选用合适的驱虫药，对120～130日龄的鸡拌料集中驱虫，1周后重复一次。

（五）光照

光照对鸡的繁殖功能影响极大，增加光照能刺激性激素分泌而促进产蛋，缩短光照则会抑制性激素分泌，因而也就抑制排卵和产蛋。通过对产蛋鸡的光照控制，刺激和维持产蛋平衡。此外，光照可调节母鸡的性成熟和使母鸡开产整齐，所以开产前后的光照控制非常关键。现代土鸡已具备了提早开产能力，适当提前光照刺激，使新母鸡开产时间适当提前，有利于降低饲养成本。体重符合要求或稍大于标准体重的鸡群，可在20周龄时将光照时数增至13小时，以后每周增加30分钟直至光照时数达到16小时，而体重偏小的鸡群则应在22周龄时开始光照刺激。光照时数应渐增，如果突然增加的光照时间过长，易引起脱肛；光照强度要适当，不宜过强或过弱，过强易产生啄癖，过弱则起不到刺激作用。开放舍育成的新母鸡，育成期受自然光照影响，光照强，开产前后光强度一般要保持在15～20勒克斯，否则光照效果差。

（六）饲养管理

土鸡开产前的饲养管理不仅影响产蛋率上升和产蛋高峰持续时间，而且影响死淘率。

1. 适时更换饲料　开产前2周骨骼中钙的沉积能力最强，

为使母鸡高产，降低蛋的破损率，减少产蛋鸡疲劳症的发生，应从 19 周龄起把日粮中钙的含量由 0. 9%提高到 2. 5%；产蛋率达 20%~30%时换上含钙量为 3. 5%的产蛋鸡日粮。

2. 保证采食量 开产前应恢复自由采食，让鸡吃饱，保证营养均衡，促进产蛋率上升。

3. 保证饮水 开产时，鸡体代谢旺盛，需水量大，要保证充足饮水。饮水不足，会影响产蛋率上升，并会出现较多的脱肛。

（七）减少应激

1. 合理安排工作时间，减少应激 免疫接种时间最好安排在晚上，捉鸡动作要轻。更换饲料时要有 3~5 天的过渡期。

2. 使用抗应激添加剂 开产前应激因素多，可在饲料或饮水中加入抗应激剂以缓解应激。

（八）卫生

土鸡开产后进行一系列管理程序，对鸡造成较大应激。随着产蛋率的上升，鸡体代谢旺盛，抵抗力较差，极易受到病原侵袭，所以平时必须加强防疫卫生工作。杜绝外来人员进入饲养区和鸡舍，饲养人员进入前要消毒；保持鸡舍环境、饮水和饲料卫生。此外，平时注意使用中草药控制大肠杆菌病、病毒病和输卵管炎的发生。

（九）加强观察

注意细致观察鸡的采食、呼吸道、粪便和产蛋率上升等情况，发现问题及时解决。鸡开产前后，生理变化剧烈，常敏感不安，应多注意观察。及时发现脱肛鸡、啄肛鸡、受欺负鸡和病弱残疾鸡，挑出并处理。

二、高产期的饲养管理

（一）种用土鸡刚转入产蛋期时，仍喂育成鸡饲料

待鸡产蛋达5%时更换蛋鸡饲料。高峰期的产蛋土鸡，当产蛋率在75%以上时，每千克饲料中含代谢能11.56兆焦、粗蛋白质17%~18%、钙3.6%~3.8%、磷0.6%，为了保证产蛋鸡所需的能量，饲料中麸皮应低于5%，在2~3月可添加2%的油脂。

（二）严格掌握补光制度

产蛋期光照按土鸡开产前饲养管理的光照程序补光，当准备淘汰整群鸡时，可以在最后一个半月左右将每日光照提高到18小时，以便充分挖掘土鸡的产蛋潜力，光照强度为25瓦灯泡，灯与灯之间距离约3米，离地2米，保证每平方米4~5瓦；灯泡应交错分布，以使地面获得均匀光照和提高光照的利用率。产蛋鸡补光的同时，一定要注意满足鸡体的营养需要。尤其是蛋白质、钙、磷、维生素A、维生素D_3、维生素E等，不能低于正常水平。

（三）注意温度、湿度和通风换气

产蛋鸡最适宜的温度是15~25℃，当低于10℃或高于32℃时，鸡群产蛋率明显下降；鸡舍相对湿度以55%左右为宜；鸡舍还要保持空气新鲜，空气中氨气、二氧化碳等有害气体浓度过高都会损害鸡的健康，从而造成鸡群产蛋率下降。因此，在不同季节里，要根据气温和气候状况，在基本保证鸡舍温、湿度合适的情况下，进行通风换气，冬季要保暖通风，夏季防暑降温，加大通风量。

（四）精心饲养

1. 喂料　根据鸡群产蛋率的高低、季节气候变化和鸡体重变化等情况，采取调节饲养。冬季采食量大，可适当降低蛋白质水平，有条件的可在饲料中加些油脂，夏季采食量小，适当提高蛋白水平。每天可投料2次，但无论几次，都要确保每只鸡的日粮总量。

2. 给水 鸡饮水不足会影响产蛋，尤其是夏季，更不能让鸡缺水；夏季鸡饮水多。饮水中可添加小苏打（一般饲料中添0.3%），对提高种用土鸡的蛋重、成活率、产蛋率有显著的效果。

（五）强化管理

1. 一般管理 产蛋鸡的生产管理要制度化，如严格的光照制度，给料、给水、捡蛋、观察鸡群、冲涮水壶、清理粪便等，都要有一定的时间和规律。为了给鸡造成一个良好的生产条件，培育出高产鸡群，一定要遵守鸡群的管理制度，甚至管理人员进出鸡舍的时间、穿着等都要固定不变才好。

2. 产蛋高峰期管理 从开产至产蛋高峰，新母鸡将以相当快的速度增长，鸡群产蛋率上升也很快，每周产蛋率增长1倍左右，因此一定要喂给足够的、质量好的营养完全的饲料。在此时期，产蛋期鸡处于高度兴奋状态，对来自环境的刺激极为敏感，极易受到惊扰而影响产蛋，因此要保持环境安静，气候适宜，使鸡的产蛋潜力得到充分的发挥。

3. 观察鸡群 在清晨鸡舍内开灯后，观察鸡群精神状态和粪便情况，若发现弱鸡和异常鸡，应及时挑出；夜间闭灯后倾听鸡有无呼吸病的异常声音，特别是在冬天，由于通风不良，易造成呼吸道疾病，因此可及时调整通风；如发现有呼噜、咳嗽等，有必要挑出隔离治疗，观察舍温的变化幅度，尤其是冬、夏季节要看温度并做好记录，还要看通风、饮水系统及光照等，发现问题及时解决。观察有无啄癖鸡，若发现应及时挑出，用紫药水将血色涂掉或及时淘汰。

4. 做好生产记录 要管理好鸡群，就必须做好鸡群的生产记录。因为，生产记录反映了鸡群的实际生产动态和日常活动的

各种情况，通过学习及时了解生产、指导生产，日常管理中对某些项目如入舍鸡数、存栏数、死亡数、产蛋量、产蛋率、耗料、体重、蛋重、舍温、天气、免疫、用药等都必须认真记录。

（六）产蛋突然下降的原因

蛋鸡产蛋高峰过后，产蛋率开始下降，这是正常规律，在良好饲养管理条件下，产蛋率每周下降1%左右，如果超过这个范围，说明有异常原因。

1. 管理和环境方面的原因　连续数月喂料不足或饲料成分变化，适应性不好，降低采食量，缺水，异常的惊扰，通风不好，鸡舍温、湿度过高或过低，光照、投料、清粪时间的变化等，都会造成产蛋率突然下降。

2. 疾病方面的原因　急性传染病，如新城疫、传喉、传染性支气管炎等引起产蛋率突然下降。

3. 鸡群休产时同步化原因　大部分将在同一天休产引起产蛋突然下降。

三、产蛋后期的饲养管理

种用土鸡产蛋后期体重几乎不再增长，产蛋量逐渐下降，蛋壳质量逐渐变差。因此应及时调整饲料营养，加强管理。

（一）补钙

要使鸡尽量多产优质蛋，合理供钙尤为重要。一个正常蛋壳约含16克钙，但钙在体内的存留率仅为50%～70%，因此产一枚蛋需4克钙，需求量较大。如果钙不足会促进吃料量，使饲料消耗过多，母鸡体重增加，使肝中脂肪沉积增多，造成脂肪肝；如果料中钙过于饱和，会使鸡的食欲减少，影响产蛋率。如果饲料中钙不足会使蛋壳变差，软壳蛋和无壳蛋增多，甚至使母鸡瘫痪，继而发生笼养土鸡疲劳症。后期饲料中钙的含量，42～62周龄为3.6%，63周龄后为3.8%。贝壳、石粉和磷酸氢钙是良好的钙来源，但要适当搭配，有的石粉含钙量较低，有的磷酸氢钙含氟量较高，一定要注意慢性氟中毒。如全用石粉则会影响鸡的适口性，进而影响食欲，在实践中贝壳粉添加2/3，石粉添加1/3，不但蛋壳的强度良好，而且很经济。大多数母鸡都是夜间形成蛋壳，第二天上午产蛋。在夜间形成蛋壳期间母鸡感到缺钙，如下午供给充足的钙，让母鸡自由采食，它们能自行调节产蛋量。在蛋壳形成期间吃钙量为正常情况的92%，而非形成蛋壳期间仅为86%。因此下午4~5点是补钙的黄金时间，对于蛋壳质量差的鸡群每100只鸡每日下午可补充500克的贝壳粉或石粉，让鸡群自由采食。

（二）及时捡出和淘汰劣种种鸡

及时捡出和淘汰劣种种鸡，是节约成本，提高产蛋率、受精率和提高鸡群素质的重要措施。所谓劣种母鸡，就是低产、病残、无经济价值的母鸡；劣种公鸡是指患有某种疾病或性欲不强、配种能力差的公鸡。要勤于观察，严格要求，一旦发现，立即捡出，下决心淘汰。

（三）产蛋鸡与停产鸡在外观形态上的区别

土鸡在产蛋期间，性腺活动和代谢功能旺盛。卵巢输卵管和消化功能都很旺盛，因此产蛋鸡与停产鸡在外观上有很大区别。冠和肉髯：产蛋鸡冠和肉髯大而鲜红、丰满，触摸时感觉温暖；停产鸡冠和肉髯小而皱褶，呈淡红或暗红色。腹部容积：腹部是消化和生殖器官的所在地。产蛋鸡消化和生殖器官发达，体积较大，表现为腹部容积大；而停产鸡则相反，腹部容积小，触摸发硬。色素变换：母鸡开始产蛋后，黄色素转移到蛋黄里，在母鸡肛门、喙、脸、胫部、脚趾等黄色素缺乏补充，逐渐变成褐色、淡黄色或白色。而停产鸡的这些部位仍呈黄色。

第十章　生态放养土鸡常见病防控技术

第一节　生态放养土鸡疾病的综合防控措施

野外生态养鸡虽然空气新鲜，鸡群活动量大，并且主要吃野菜、嫩草、草籽、昆虫等无污染的饲料，机体健康，但如果不加预防，有些疾病如新城疫、马立克病、传染性法氏囊病、传染性支气管炎、禽痘、流行性感冒等还是会侵害鸡群。预防传染病的方法是及时注射相应的疫苗，要求同舍内养育鸡群，但一般不需要投喂预防性药物。

一、建立卫生消毒制度

（一）控制人员进出

严格控制外来人员、车辆进入育雏室、鸡舍和放养场地；饲养员进入舍内要穿专用工作服、鞋、帽；门口设消毒池，保持消毒液新鲜。

（二）育雏舍和鸡舍的消毒

育雏舍和鸡舍必须保持清洁，每天清除粪便污物，对粪便污物和鸡尸进行无害化处理；每月除对舍内外环境、用具和带鸡消毒1次外，同时每一批鸡出栏后，在进鸡前7~10天对育雏舍和鸡舍内外环境和用具等设备彻底清洗，地面及用具等采用3%~5%的来苏儿水溶液等消毒药喷雾和浸泡消毒；舍内采用每立方米空间用25毫升福尔马林加12.5克高锰酸钾熏蒸消毒；对放养场地进行清理，可用生石灰或石灰乳泼洒消毒。消毒时至少要用2种以上不同药物进行交替更换消毒。每养一批鸡要间隔一段时间再养。

二、科学免疫

（一）制定可行的免疫程序

根据当地疫病流行情况，制定适宜当地放养土鸡的免疫程序，通过免疫的鸡群，对某种疫病具有高度、持久、一致的免疫力，可有效地防止疫病的发生。但是，没有一个程序是永久不变的，也没有一个程序可供所有放养土鸡照搬照抄使用。必须根据自己的实际情况，灵活制定。

参考程序一：1日龄马立克疫苗，皮下注射；10日龄新城疫+传染性支气管炎H120疫苗滴鼻；14日龄法氏囊B87疫苗滴口，鸡痘疫苗刺翅；21日龄新城疫+传染性支气管炎H52滴眼；42日龄新城疫+传染性支气管炎二联四价疫苗饮水，65日龄加倍饮水免疫。

参考程序二：1日龄马立克疫苗，皮下注射；5日龄法氏囊B87滴口；17日龄法氏囊二价疫苗滴口，鸡痘疫苗刺翅；21日龄新城疫+传染性支气管炎H52疫苗滴眼；42日龄新城疫+传染性支气管炎二联四价疫苗饮水，65日龄加倍饮水免疫。

（二）科学保存和使用疫苗

疫苗要在低温下运送和保存，尽快投入使用，缩短保存期；免疫时要严格按免疫操作规程，免疫前后2天，禁止使用消毒剂；饮水免疫时，先给鸡停止饮水2~4小时后，再将稀释液稀释后尽快使用完，未使用完的弃之不用；除厂家生产的疫苗外，一般不能随便将两种疫苗混合使用；两种疫苗接种的间隔时间要保持在4~6天，以减少疫苗的相互干扰。

三、适时断喙和驱虫

土鸡有相互啄斗习性，20~30 日龄为高峰，在雏鸡 6~10 日龄时进行断喙，可减少饲料浪费和防止恶癖。

由于放牧接触虫卵机会多，易患寄生虫病，特别是要重视球虫病的防治。在育雏 12~15 日龄、放牧 21~30 日龄，选用 2~3 种抗球虫药，每种药连用 3~5 天，轮换投喂；60~70 日龄可使用左旋咪唑或丙硫苯咪唑等广谱驱虫药或者虫力黑来进行驱虫。在晚餐时把药片研成粉料，先用少量饲料拌匀，然后再与晚餐的全部饲料拌匀进行喂饲。次日早晨要检查鸡粪，看是否有虫体排出，再把鸡粪清除干净，以防鸡只啄食虫体。如发现鸡粪里有成虫，次日晚餐可以用同等药量驱虫 1 次，彻底将虫驱除。

四、定期杀虫和灭鼠

老鼠偷吃饲料、惊扰鸡群，是传播疾病的媒介；苍蝇、蚊子是传播病原的媒介，所以每月要毒杀老鼠 2~3 次，要经常施药喷杀蚊子、苍蝇，以防疾病发生。

五、合理及时防病治病

平时应注意观察鸡群的生产状况，详细观察记录鸡群的采食、饮水、精神、粪便、呼吸、睡态等状况。通过观察记录分析，发现问题及时采取措施。

按鸡的不同日龄选择适宜的饲养密度、温度、光照、通风等；鸡舍冬天要保温，防止贼风吹入，避免使鸡因体能大量消耗而多食饲料；夏季要防暑降温，防止热应激。

在林果树喷药防治病虫害时，应先驱赶鸡群到安全处避开。一般雨天可避开 2~3 天，晴天为 3~6 天，以防鸡只食入喷过农药的树叶、青草等中毒。

当发现病鸡时，应及时进行隔离和治疗，并对受危害及受威胁的鸡群及时投服预防药物。药物要选择高效、无毒、无残留，并选择正规渠道、信誉好的药店购买正规厂家的兽药；一种药能防治，不能乱用多种，防止配伍不当，既浪费药费，又影响防治效果。

对来势猛、危害大的疫病，要及时向畜牧部门汇报，并送检病料查明病原。根据疫病的发展情况，对受威胁而又未发病的其他鸡群采用有效的疫苗，进行紧急接种防疫。

第二节　土鸡常见病防治

一、病毒性疾病

（一）禽流感

禽流感也叫真性鸡瘟（欧洲鸡瘟），是由甲型流感病毒引起的一种最严重的病毒性传染病之一，被感染的鸡发病率和死亡率都非常高，往往造成养殖失败。禽流感的血清型多种多样，但根据致病性分为高致病性和低致病性两种。高致病性禽流感，一般能引起高致病性的血清型为 H5 和 H7 亚型。该病的传染途径是消化道、呼吸道、损伤的皮肤、眼结膜等。该病可以通过其他禽类、鸟类传播，应该引起广大养殖户的注意。该病毒在低温和干燥的环境可以存活数月，在阳光直射下 40～48 小时可以灭活，对氯制剂敏感，多发于春秋季。

1. 症状和病理变化　本病感染鸡群往往暴发突然，潜伏期一般为 2～5 天。流行初期急性病例往往没有任何症状就死亡，随后病例表现为体温升高，精神沉郁，被毛松乱，头翅下垂，鸡冠和肉髯发黑、肿胀，常伴有咳嗽、打喷嚏等不同程度的呼吸道症状。病鸡采食量和饮水量减少，有的病鸡下痢，拉黄褐色稀

粪。产蛋期的鸡患病时，产蛋率明显下降，后期很难恢复。

特征性的病变是腺胃和腹部脂肪出血，肝、脾、肺等脏器常有灰黄色小坏死灶。产蛋期的鸡以侵害生殖系统为主，并伴有不同程度的全身皮肤和内脏器官的充血、出血、坏死等变化。常引起输卵管充血或出血，管壁肿胀，有纤维素性渗出物，卵泡充血或出血变性。育雏育成期的病例主要是内脏器官有针尖样出血点，器官黏膜出血。主要是腺胃黏膜、腺胃和肌胃交界处出血，十二指肠、盲肠扁桃体出血。

2. 诊断　该病可以通过临床症状和病理变化进行初步诊断，进一步诊断需要经过分离、鉴定和血清学试验。

3. 防治　本病防治应该是免疫注射，结合综合性防治。

（1）疫苗预防。一般禽流感灭活疫苗可以有效地控制本病，但选用的疫苗毒株必须与当地的流行毒株亚型相一致。一般在15日龄和60日龄进行免疫注射两次。

（2）综合防治。鸡场要采取全进全出制度；提供均衡营养日粮；加强饲养管理，提高鸡群自身免疫力；做好消毒工作保持清洁卫生；养殖区要防止其他禽类、鸟类的进入；对病死鸡要深埋或焚烧；加强监测，一旦发现周围有疫情要严格封锁、扑杀并及时上报。

（二）新城疫

新城疫俗称“鸡瘟”，又叫亚洲鸡瘟、伪鸡瘟，是由新城疫病毒引起的一种急性高度接触性传染病，是养鸡必须预防的疾病之一。该病毒广泛存在于病鸡的组织器官、体液、分泌物、排泄物中。该病毒对消毒剂、高温抵抗力不强，一般的消毒剂都可以将其杀灭，但该病毒在低温环境中可以存活很长时间，冷冻鸡在两年后还可以检测到该病毒。该病的感染渠道较广，可经呼吸道、消化道、损伤皮肤和泄殖腔黏膜传播。鸡易感本病，但不发病的其他禽类、鸟类也可以带毒进行传播。污染的环境和带毒的禽类是引起本病流行的重要原因。本病全年均可发生，以春秋居多。

1. 临床症状 潜伏期一般为3~15天，或者更长，根据临诊表现和病程长短可以分为最急性、急性、慢性。

（1）最急性型。常突然发病，往往看起来很正常的鸡群，突然发现死亡，没有任何特殊的征兆。多见于流行初期和雏鸡。

（2）急性型。表现为呼吸道、消化道、神经系统异常。常表现为体温升高，采食减少，饮水增加；羽毛松乱、垂头缩颈，精神不振，状似昏睡，鸡冠和肉髯颜色逐渐变暗。病鸡呼吸困难，咳嗽、流鼻涕，常发出“咯咯”的喘鸣声或者怪叫；嗉囊积液，倒提鸡时常从口角流出大量酸臭的暗色液体；下痢，呈黄绿色或黄白色，有时混有少量血液，后期排出蛋清样排泄物。部分病例常出现神经性的症状，表现为翅、腿麻痹，不容易站立。育雏期的雏鸡往往不表现明显症状，但死亡率却非常的高。成年产蛋鸡产软壳蛋或者产蛋下降可达15%~35%。

（3）慢性型。也叫亚急性型，初期症状与急性型相似，但随后减轻。耐过的鸡常表现出神经症状，如翅膀麻痹、跛行，常原地转圈，或者头颈向一侧扭转。还有一些鸡貌似健康，一旦遇到刺激源，比如惊吓、抢食、雷雨、噪声等，则出现头颈弯曲，全身抽搐，出现瘫痪或者半瘫痪，预后不良。但病死率比较低。含有母源抗体的雏鸡群或者母源抗体水平较高的雏鸡群，当有新城疫病毒侵入时仍可以发生新城疫，但发病率较低。

2. 病理变化 根据临床表现可以分为典型性新城疫和非典型性新城疫。

（1）典型性新城疫。可见全身性败血症，全身黏膜、浆膜出血，以消化道、呼吸道最为明显。特征病变：腺胃乳头肿胀或者溃疡，乳头间有明显的出血点，尤其在食管与腺胃交界处最为明显；十二指肠、小肠黏膜出血或者溃疡，有时可见到“枣核状

溃疡灶”；盲肠扁桃体肿胀、出血、溃疡；气管出血或者坏死，周围组织发生水肿，有浆液性或者卡他性渗出物。产蛋鸡常发生卵黄性腹膜炎。

（2）非典型性新城疫。一般无典型的临床症状和病理剖检变化，育成鸡多以呼吸道和消化道症状为主，表现为呼吸困难、咳嗽、打喷嚏、精神不振、采食量减少、排黄绿色或黄白色稀便，呈零星性死亡；成年产蛋鸡主要表现为产蛋下降和不同程度的呼吸道症状。剖检可见喉头和气管内有黏液，黏膜轻微地出血，直肠和泄殖腔黏膜轻微充血、出血，腺胃黏膜混浊，乳头间偶有出血点，小肠有零星出血点，盲肠扁桃体红肿，卵泡充血、出血。

3. 诊断　可根据典型症状和病变做出初步诊断，进一步确诊需要实验室的诊断。可以进行血清学实验。

4. 防治　目前本病尚无有效的治疗办法，预防本病的发生是一切防疫工作的重点，常采取如下措施：

（1）杜绝病原侵入鸡群。建立健全严格的卫生防疫制度，防止一切带毒动物和污染物进入鸡场，不从疫区定购鸡苗，新购的鸡须接种新城疫疫苗隔离观察，证明健康者才可以合群。

（2）制定合理的免疫程序，有计划地对健康鸡群进行免疫接种。目前常用的疫苗有弱毒活苗Ⅱ系（HB1 株）和Ⅲ系（F 株）一般进行首免，采用点眼或者滴鼻，Ⅳ系（Lasota 株）比Ⅱ系毒力稍强，一般进行二免，采取饮水免疫；Ⅰ系苗是中等毒力的活苗，现采用肌内注射，多为二免以后使用。

（3）定期消毒和严格检疫。鸡场、鸡舍和饲养用具要定期消毒；保持饲料、饮水清洁；新购进的鸡不可立即与原来的鸡合群饲养，要单独喂养半月以上，确认无病并接种疫苗后才能合群饲养。

（4）发生本病时的紧急处置。鸡群一旦发生了鸡新城疫，对病鸡应隔离淘汰，死鸡应深埋或焚烧。对尚未发病的鸡应紧急接种疫苗，以Ⅱ系苗或Ⅳ系苗为好，通常接种1周后就不再发生新的病鸡，疫病也就被控制住了。

（三）传染性法氏囊病

鸡传染性法氏囊病是由鸡传染性法氏囊病病毒引起的雏鸡的一种急性、高度接触性传染病。本病主要感染2~16周龄鸡，3~6周龄时最易感。本病一年四季都能发生，但以5~7月发病较多。目前，本病是危害我国养鸡业最严重的传染病之一。该病毒在自然界存活时间较长，在病鸡舍中的病毒可存活122天。病毒对乙醚、氯仿、酚类、升汞和季铵盐等都有较强的抵抗力，但以含氯化合物、碘制剂、甲醛敏感。本病只感染鸡，但经研究，麻雀也可以带毒。被污染的饲料、饮水、垫草、用具等皆可成为传播媒介。主要经呼吸道、眼结膜及消化道感染。

1. 临床症状 本病潜伏期短，感染后2~3天就出现症状。早期症状为厌食、呆立，畏寒战栗，精神不振，缩头乍毛等。随后病鸡排白色或黄白色水样便，肛门周围羽毛被粪便污染。病鸡扎堆，严重者垂头缩颈，对外界刺激反应迟钝，发病1~2天死亡，死亡率直线上升，5~7天达到死亡高峰，随后死亡率下降。病鸡耐过后出现贫血、消瘦、生长缓慢、饲料利用率低。当本病与支原体病等合并感染时，病鸡不仅病情加重，死亡率高，而且病程加长，伴有明显的呼吸道症状。病鸡常继发感染鸡新城疫、大肠杆菌病、球虫病等。

2. 病理变化 本病的特征变化是腿部和胸部肌肉常有斑点状或者条纹状出血，胸肌颜色发暗。在腺胃和肌胃的交界处有针尖样出血点或者出血斑。盲肠扁桃体出血、肿大。法氏囊浆膜呈胶冻样肿胀，有的法氏囊可肿大2~3倍，大多可见点状出血或出血斑，严重者法氏囊内充满血块，外观呈紫葡萄状。病程长的法氏囊萎缩，呈灰黑色，有的法氏囊内有干酪样坏死物。肝脏有

时肿大，表现为可见出血点、质脆、发黄。肾肿大，呈斑纹状。输尿管中有尿酸盐沉积。

3. 诊断　根据流行病学特点、特征症状和病变可对本病做出初步诊断。确诊或对亚临床型感染病例时则需要进行实验室诊断。

4. 防治　该病目前无特效治疗药物，免疫接种和综合防治措施是控制该病的主要方法。还有一些有效的辅助治疗。

（1）免疫接种。在定购鸡苗的时候要选择母源抗体高的鸡场，进鸡后采用琼扩法测定雏鸡的母源抗体，根据母源抗体水平确定雏鸡的首免时间。没有条件检测的鸡场，一般可采用 10~14 天首免，18~22 天进行二免。所用的疫苗为中等毒力疫苗。另外，本病虽然没有特效药物，但在发病早期可以采用传染性法氏囊炎高免血清或高免蛋黄液进行注射治疗，有较好的治疗效果。如果混合细菌感染要使用抗生素进行治疗。

（2）中药治疗。可以用中草药辨证理论进行治疗，现介绍方剂如下：

方一：黄芪 30 克，黄连、生地黄、大青叶、白头翁、白术各 150 克，甘草 80 克，供 500 羽鸡，每日 1 剂，每剂水煎 2 次，取汁加 5%白糖饮水服用，连服 2~3 剂。

方二：生地黄、白头翁各 4 克，金银花、蒲公英、丹参、茅根各 3 克，水煎 2 次，取汁加适量糖，供 10 羽鸡饮用，每日 1 剂，连用 3 日。

（3）综合防治。实行全进全出制度，加强饲养管理，提高环境控制措施，给鸡群提供一个良好的环境，避免发生其他应激，如噪声、陌生动物闯入等。可以饲喂微生态制剂，调节肠胃功能，增强机体免疫力。

（四）传染性支气管炎

传染性支气管炎是由传染性支气管炎病毒引起的鸡的一种急

性、高度接触性呼吸道疾病。该病具有高度传染性，感染鸡生长受阻，耗料增加，产蛋量和蛋品质下降、死淘率增加，给养鸡业造成巨大经济损失。本病仅发生于鸡，各种年龄的鸡都可发病，但雏鸡最为严重。炎热、寒冷、通风不良、疫苗接种等应激因素均可促进本病的发生。本病的主要传播方式是病鸡经空气飞沫传染给易感鸡，也可以通过饲料、饮器具等经消化道传播。本病无明显季节性，寒冷季节多发。

1. 临床症状 潜伏期 1~2 天或更长，病鸡在没有任何前兆的情况下，突然出现呼吸道症状，并迅速波及全群。典型特征病鸡出现咳嗽、打喷嚏和气管啰音。4 周龄以下病鸡还表现伸颈、张口呼吸、全身衰弱，逐渐消瘦，康复鸡发育不良。成年鸡发生很轻微的呼吸道症状，产蛋鸡产蛋量减少，并产软壳蛋、畸形蛋。蛋的品质变差，如蛋白稀薄呈水样等。病程一般为 1~2 周，康复后的鸡具有免疫力。肾型毒株感染鸡，呼吸道症状轻微或不出现，或呼吸症状消失后，病鸡沉郁、持续排白色或水样下痢、迅速消瘦、饮水量增加。

2. 病理变化 主要是气管、支气管、鼻腔和窦内有浆液性、卡他性和干酪样渗出物，气囊可能混浊或含有黄色干酪样渗出物。病死鸡气管或支气管的后部分偶见干酪性栓塞。产蛋鸡腹腔内可见液状卵黄物质，卵泡充血、出血、变形。18 日龄以内幼雏，有的见输卵管发育异常，致使成熟期不能正常产蛋，常常出现“假母鸡”现象。肾型传染性支气管炎肾肿大出血，多数肾呈“花斑肾”，肾小管和输尿管有尿酸盐沉积。严重病例可见白色尿酸盐沉积于其他组织器官。

3. 诊断 肾型传染性支气管炎一般根据主要症状和病变易做出现场诊断，其他型的确诊需进行实验室检验。

4. 防治 目前本病尚无特效治疗药物，应坚持预防为主，在搞好饲养管理、减少应激的前提下接种好疫苗。鸡舍要注意通

风换气，防止过挤，注意保温，补充维生素和矿物质，增强鸡体抗病力；严格执行卫生防疫措施。常用 M41 型的弱毒苗如 H120、H52 及其灭活油剂苗。一般认为 M41 型对其他型病毒株有交叉免疫作用。H120 毒力较弱，对雏鸡安全；H52 毒力较强，适用于 20 日龄以上鸡；油苗各种日龄均可使用。一般免疫程序为 5~7 日龄用 H120 首免；25~30 日龄用 H52 二免。注意，使用弱毒苗应与新城疫弱毒苗同时或间隔 10 天再进行免疫，以免发生干扰作用。对肾型传染性支气管炎可使用弱毒苗 Ma5，1 日龄及 15 日龄各免疫 1 次。

发生本病后，应按照《中华人民共和国动物免疫法》规定，采取隔离、扑杀、消毒等措施。使用广谱抗生素和抗病毒药物，对防止继发感染有一定作用。

（五）传染性喉气管炎

传染性喉气管炎是一种由传染性喉气管炎病毒引起的以呼吸道症状为主的急性传染病。其特征为呼吸困难、气喘、咳出含有血液的渗出物。传播快，死亡率较高。本病毒的抵抗力很弱，37℃存活 22~24 小时，但在 13~23℃中能存活 10 天。对一般消毒剂都敏感，如 1.5%的碘伏 1 分钟即可杀死。本病主要侵害鸡，不同日龄的鸡都可感染，但成年鸡的症状最具有典型特征，其他禽类如野鸡、山鸡、孔雀等也有感染情况发生。康复后的带毒鸡和病鸡是主要的传染源。病毒存在于气管和上呼吸道分泌液中，通过咳出血液和黏液而经上呼吸道传播，污染的垫料、饲料和器具等均可间接传播。当接种疫苗的鸡群与易感鸡进行长久接触时，也可感染本病。

1. 临床症状　本病的潜伏期 5~13 天。病鸡采食量减少，迅速消瘦，其主要特征表现为呼吸道症状，呼吸时发出湿性啰音，咳嗽，有喘鸣音；病鸡吸气时头和颈部向前向上，张口尽力吸气。严重的病鸡高度呼吸困难，可咳出带血的黏液。如果分泌物不能咳出，病鸡可能窒息死亡。产蛋鸡发病时产蛋量急剧下降或停止，康复后 1～2 个月才能恢复。根据发病表现可分为以下两种：

（1）喉气管型。是高致病性病毒株引起的，病鸡咳嗽，表现痛苦，身体随呼吸呈波浪式起伏，抬头伸颈，并发出响亮的喘鸣声。病鸡摇头时，咳出血痰，常见血痰附着于鸡笼上。将鸡的喉头用手上顶，令鸡张口，可见喉头出血，并伴有泡沫状液体。若喉头被血液凝块堵塞，则病鸡会窒息死亡。死鸡一般体况较好，死亡时多呈仰卧姿势。

（2）结膜型。是低致病性病毒株引起的，主要表现为眼结膜炎或者鼻炎，眼结膜红肿，并伴有流泪、流鼻涕。若伴有支原体混合感染，则眶下窦肿胀，甚至导致失明。产蛋鸡表现为产蛋率下降，沙皮蛋、软壳蛋增多。

2. 病理变化 本病比较缓和的病例，仅见结膜和窦内上皮的水肿及充血。急性典型病变在气管和喉部，初期黏膜充血、肿胀，进而变性、出血和坏死；气管含有血凝块或血黏液，气管管腔变窄，偶有黄白色纤维素性干酪样假膜。严重时支气管、肺和气囊等部发炎，甚至上行至鼻腔和眶下窦。

3. 诊断 根据典型的病变和特征性症状即可做出初步诊断。在症状不典型时，应注意与新城疫、传染性支气管炎、慢性呼吸道病、维生素 A 缺乏症进行区别。可进行实验室诊断。如鸡胚接种，取病鸡的喉头、气管黏膜和分泌物，经无菌处理后，接种 10～12 天龄鸡胚尿囊膜上，接种后 4～5 天鸡胚死亡。剖检见绒毛尿囊膜增厚，有灰白色坏死斑。

4. 预防 目前本病尚无特效治疗药物，坚持执行严格的卫生防疫措施是防止本病流行的有效方法。

（1）不接触来历不明的鸡。带毒鸡是本病的主要传染源之一，新购进的鸡必须用少量的易感鸡与其做接触感染试验，隔离

观察2周，易感鸡不发病，证明不带毒，此时方可合群。

（2）不随便使用疫苗。没有本病流行的地区最好不用弱毒疫苗免疫，更不能用自然强毒接种，因为弱毒疫苗可能会造成病毒的终生潜伏，偶尔活化和散毒，它不仅可使本病疫源长期存在，还可能散布其他疫病。

（3）在本病流行的地区可接种疫苗。目前使用的疫苗有两种，一种是弱毒苗，接种途径是点眼，但可引起轻度的结膜炎且可导致暂时的盲眼；如有继发感染，甚至可引起1%～2%的死亡。故有人用滴鼻和肌内注射法，但效果不如点眼好。另一种为强毒疫苗，只能用作擦肛，绝不能将疫苗接种到眼、鼻、口等部位，否则会引起疾病的暴发。擦肛后3～4天，泄殖腔会出现红肿反应，此时就能抵抗病毒的攻击。强毒疫苗免疫效果确实，但未确诊有此病的鸡场、地区不能用。一般首免可在4～5周龄时进行，12～14周龄时再接种一次。

5. 治疗　本病一般采取对症治疗，并对发病群投服抗菌药物，防止继发感染。

（1）抗体治疗。肌内注射喉气管炎高免卵黄抗体2毫升，隔天再肌内注射1次。

（2）西药治疗。发生结膜炎的鸡可用氯霉素、红霉素眼药水点眼，大群鸡用环丙沙星饮水或拌料。

（3）中药治疗。中药喉症丸或六神丸对治疗喉气管炎效果比较好。每天1次，每天2～3粒/只，连用3～5天。可使用平喘药物缓解症状。

（六）马立克病

鸡马立克病是由疱疹病毒引起的鸡的恶性肿瘤病（癌），感染本病的鸡大部分终生带毒。本病一般经呼吸道传播，由于带毒鸡脱落的羽毛、皮屑均可带毒，所以一旦发生本病将较难在鸡场彻底清除。本病的发生与鸡的品质、年龄有关，一般土鸡品种比较易感，幼龄鸡（2 月内）多发，特别是对刚出壳的雏鸡有明显的致病力。本病毒抵抗力较弱，但病鸡脱落的皮屑由于带有保护性物质，可在鸡舍尘埃中存活很长时间。室温下可生存 4 ~ 16 周，温度低时生存时间更长。

1. 临床症状　本病潜伏期较长，一般 1 日龄感染，2 ~ 3 周后才开始排毒，3~4 周后，可见眼观病变。分为以下四种类型：

（1）神经型。主要侵害外周神经，特征症状是单肢或双肢出现麻痹或瘫痪，出现一腿向前一腿向后，俗称“大劈叉”。剖检可见神经肿胀、变粗，一般检查坐骨神经，可见神经纤维横纹消失，呈黄白或灰白色。

（2）内脏型。主要表现为精神不振，采食减少，病程短的突然死亡。剖检可见内脏器官出现灰白色质地坚硬而致密的肿瘤块。多发于性腺、肾、肝、脾等器官。

（3）眼型。病鸡单眼或者双眼出现视力减退或失明，虹膜的正常色素消失，严重阶段整个瞳孔只留下针尖大的小孔。

（4）皮肤型。病鸡皮肤毛囊出现小结节或者肿瘤为特征，常遍及皮肤。

2. 诊断　神经型的可根据症状和病变进行确诊，内脏型的要与淋巴性白血病进行区别。进一步确诊需要进行琼脂扩散试验等血清学方法。

3. 防治　本病尚无特效治疗药物。雏鸡的早期感染是暴发本病的重要原因，因此孵化场与育雏室必须保证环境中没有马立克病毒的存在，以确保雏鸡在免疫后 2 周内不感染本病，因为马立克疫苗虽然是在雏鸡出壳时免疫，但疫苗发生效力要在 15 天以后。一般在订购雏鸡的鸡场都会接种该疫苗，现在本病基本得到了很好的控制。发生本病也要采取隔离、扑杀、消毒等措施。治疗本病仅可以增加维生素、矿物质等营养品，增加鸡群自身抵抗力。

（七）鸡痘

鸡痘又叫“白喉”，是由禽痘病毒引起的一种接触性传染病。本病主要是由于与病鸡发生直接接触而感染，也可因为接触被污染的饮水、饲料、器具等发生感染，特别要注意鸽子等飞鸟传播本病。本病各种鸡都易感，以雏鸡较敏感，不过一旦感染康复将终生获得免疫力。本病多发于秋冬或早春。该病毒对外界抵抗力很强，日光照射几周不被杀灭，但1%的氢氧化钠5分钟内可杀死。

1. 临床症状　本病潜伏期4~8天，病程3~4周。通常分为以下几种类型：

（1）黏膜型。也称“白喉”，病鸡出现明显的呼吸困难，可在口腔或咽喉部黏膜表面发现黄白色稍微突起的小结节，很快发展为一层黄白色干酪样假膜，撕去后将出现红色的出血性溃疡面。

（2）皮肤型。一般在鸡冠和肉髯出现红色突起的圆斑，继而变为上皮瘤，灰黄色，瘤上有痂皮覆盖，如果连续发生可出现一大片痂皮，还可见在眼、腿、翅内侧等处发生。

（3）混合型。皮肤和黏膜都会发生。

（4）败血型。很少发生，病鸡下痢、消瘦，进而衰竭死亡。

2. 诊断与防治　根据发病情况及症状和病变基本可以诊断。目前尚无特效治疗药物，主要采取对症疗法。皮肤型禽痘可以在患病处涂碘酊，白喉型可用镊子夹去，厚的可用2%的硼酸进行洗净，眼部发生的可以用眼药水滴眼。除局部治疗外，还可以选市售的中药方剂进行预防和治疗。

预防的有效措施是进行预防接种，可选用市售的疫苗进行接种，一般是鸡痘鹌鹑化弱毒疫苗，在25~28日龄首免，60~65日龄二免。可根据当地流行情况适当增减。

二、细菌性疾病

（一）鸡大肠杆菌病

大肠杆菌病是由大肠杆菌埃希菌的某些致病性血清型菌株引起的鸡的局部性或全身性感染性疾病，包括大肠杆菌性败血症、腹膜炎、滑膜炎、脐炎、心包炎、输卵管炎等。大肠杆菌属于鸡肠道内的常在菌群，是一种条件性致病菌。在管理不善或者发生应激时容易引起此病。大肠杆菌的抵抗力中等，各菌株间可能有差异。常用消毒药在数分钟内即可杀死本菌。在寒冷而干燥的环境中存活较久。各地分离的大肠杆菌菌株对抗菌药物的敏感性差异较大，且易产生耐药性。本病经口、消化道或者蛋传播。

1. 临床症状与病变

（1）败血症。雏鸡较易发生，主要表现为精神不振、采食下降，严重的死亡率可达50%。剖检可见：心包炎，心肌有结节性肉芽肿，有干酪样渗出；肝周炎，肝肿大、坏死；气囊炎，气囊混浊、增厚；输卵管炎症。成年鸡发生肿头综合征，产蛋下降，常伴有腹膜炎、眼炎。

（2）出血性肠炎。正常情况下，本病菌一般寄生在肠道的后段，但当发生应激或者管理不善等因素，病菌就会在肠前段引起疾病。剖检可见前段肠黏膜出血、增厚。

（3）其他炎症。大肠杆菌根据侵害部位不同，表现炎症也不同，还可引起病鸡跛行或呈伏卧（为滑膜炎和关节炎）。剖检可见一个或多个腱鞘、关节发生肿大；大肠杆菌还可引起全眼球炎、脑炎。种蛋内的大肠杆菌可引起雏鸡的脐带炎，在鸡2~4日龄就开始死亡，死亡鸡只脐部肿大、发炎，卵黄膜内有干酪样渗出物。

2. 诊断与预防　根据临床症状和病变可以做出初步诊断，确诊需要进行细菌分离、致病性实验和血清学鉴定。预防主要注

意以下工作：

（1）坚持科学的饲养管理。对鸡舍的温度、相对湿度、密度、光照等要做好环境控制，防止鸡舍忽冷忽热；定时清粪，降低舍内氨气含量；搞好卫生消毒工作，做好鸡舍通风；采用自动饮水器，并定期进行清洗。

（2）消除诱发因素。当鸡发生其他疾病如慢性呼吸道病、呼吸道的病毒病、免疫抑制病等，容易引起鸡群抵抗力降低，引起大肠杆菌病。

（3）疫苗预防。大肠杆菌血清型各种各样，经常变异，且缺乏交叉保护。当发生大肠杆菌病时建议接种当地菌株做的疫苗。

（4）定期投喂微生态制剂。目前市场上微生态制剂的种类很多，效果也较明显，比如可以使用益生菌，能帮助维持肠道内的平衡，使病原菌不可以与肠壁受体结合。

3. 治疗 广谱的抗生素对本病有较好的疗效，但是经常使用一种抗生素，大肠杆菌容易产生耐药性，会降低治疗效果。最好进行药敏试验，选出最佳的治疗药物。在抗生素的使用过程中，要注意不使用国家规定的禁用药，对可以使用的药物也要注意控制剂量，合理使用。农家土鸡发生该病，建议使用市场上的中药制剂。

（二）鸡沙门杆菌病

鸡沙门杆菌病是由沙门杆菌引起的疾病的总称，临床上表现为败血症和肠炎，是一种人禽共患病，包括鸡白痢、禽伤寒、副伤寒。本属细菌对化学消毒剂的抵抗力不强，常用消毒剂就能达到消毒的目的，如2%的来苏儿水溶液。病菌对干燥、日光等因素具有抵抗力，在外界条件下可以存活数周或数月。3周龄内的鸡比较易感。该菌对多种抗菌药物敏感，但由于长期滥用抗生素，对常用抗生素耐药现象普遍，不仅影响该病防制效果，而且亦成为公共卫生关注的问题。患病鸡和带菌鸡是本病的主要传染源。病原随粪便、羽毛和皮屑，被污染水源和饲料等。主要经消化道感染，也可经呼吸道和眼结膜感染。本病一年四季都可以发生，育雏期多见。

1. 鸡白痢 鸡白痢是由鸡白痢沙门菌所引起的鸡的一种严重的传染病。各种品种的鸡对本病均有易感性，以2~3周的雏鸡更为易感，成年鸡感染呈慢性或隐性经过，近年来，育成阶段的鸡发病也日趋普遍。新发生本病的鸡场，发病率和病死率都比一向存在本病的鸡场高。

（1）临床症状。病菌的潜伏期为4~5天。

1）雏鸡：一般本病呈急性经过，雏鸡多在孵出后4~6天出现明显临诊症状，7~10天后雏鸡群内病雏逐渐增多，在14~21天达到高峰。发病雏鸡呈最急性者，无临诊症状迅速死亡。稍缓者表现精神不振，绒毛松乱，缩颈闭眼，两翼下垂，昏睡，不愿走动，拥挤在一起。病初食欲减少，同时腹泻，排稀薄白色如糨糊状粪便，肛门周围绒毛被粪便污染，有的因粪便干结封住肛门，影响排粪。由于肛门周围炎症引起疼痛，故常发生尖锐叫声，最后因呼吸困难及心力衰竭而死。有的病雏出现眼盲或肢关节肿胀，呈跛行临诊症状。20日龄以上的雏鸡病程较长，且极少死亡。耐过鸡生长发育不良，成为慢性患鸡或带菌者。

2）成鸡：常无明显的临床症状，呈慢性或隐性经过，可见排黄色或者黄白色粪便，下蛋鸡可见产蛋减少。

（2）病理变化。急性死亡，则病理变化不明显。病程稍长的特征病变是在心、肝、肺等内脏器官上可见坏死灶或者坏死结节，胆囊肿大。慢性感染的鸡可见卵变形、变色。青年鸡可见肝肿大，有散在或弥漫性的小红点或黄白色大小不一的坏死灶。

（3）诊断与防治。根据临床症状可以初步诊断，进一步诊断需要实验室诊断。国际上暂时没有指定的诊断方法，一般采用

凝集试验和病原鉴定。

治疗本病可根据药敏试验选用有效的抗生素，并辅以对症治疗。预防本病应加强饲养管理，消除发病诱因，保持饲料和饮水的清洁、卫生。在曾经发病的鸡场，每年要定期做平板凝集试验全面检疫，淘汰阳性鸡及可疑鸡。可以采用添加抗生素的饲料添加剂进行预防，但应注意地区性抗药菌株的出现，如发现对某种药物产生抗药性时，应改用另药。关于菌苗免疫，目前一般不使用。但根据本场（群）或当地分离的菌株，制成单价灭活苗，常能收到良好的预防效果。防治本病仍必须严格贯彻消毒、隔离、检疫、药物预防等一系列综合性防治措施。国内不同地区使用“促菌生”或其他活菌剂来预防雏鸡白痢，也获得了较好的效果。应注意的是，“促菌生”制剂是活菌制剂，应避免与抗微生物制剂同时应用。

2. 鸡伤寒　鸡伤寒是由鸡伤寒沙门菌引起的鸡的肠道败血性疾病。该病常由于饲养管理不善或者卫生条件差引起。常发生在3周龄以上的鸡。该病与鸡白痢相似。

（1）临床症状。潜伏期4~5天，3周龄以上的鸡急性暴发时，表现为精神萎靡，被毛松乱，采食量减少，饮水量增加，排浅绿色粪便，病鸡呈“企鹅”状站立。

（2）病理变化。急性病例无明显的肉眼病变，病程稍长的出现肝脾肿大，胆囊扩张，内脏器官有黄白色坏死灶或坏死结节。

（3）诊断与防治。一般确诊要取病死鸡内脏器官进行细菌培养，进行生化鉴定。采用血清学方法对鸡群进行阳性检测是预防本病的重要措施，其他方法如鸡白痢。

3. 副伤寒　禽副伤寒是由鸡白痢和鸡伤寒以外的其他沙门菌感染的一种传染病，由于该病沙门菌的类型比较多，疾病不易控制。主要有鼠伤寒沙门菌和肠炎沙门菌。常在孵化后两周之内感染发病，6~10天后达到最高峰。呈地方流行性，病死率从很低到10%~20%，严重者高达80%以上。

（1）临床症状。经带菌卵感染或出壳雏禽在孵化器感染病菌，常呈败血症经过，往往不出现任何临诊症状而迅速死亡。雏鸡和鸡白痢症状相似，年龄较大的幼禽则是亚急性经过，主要表现水泻样下痢，病程1~4天。1月龄以上幼禽一般很少死亡。成年禽一般为慢性带菌者，常不出现临诊症状。有时出现水泻样下痢。

（2）病理变化。急性病例无明显症状，病程稍长可见肝、脾充血，有条纹状出血或针尖状坏死，多数病鸡有出血性肠炎，肠内有干酪样坏死。成鸡侵害输卵管，卵泡异常，可发生腹膜炎。

（3）诊断与防治。采内脏器官进行分离培养鉴定。防治参考鸡白痢和禽伤寒。

（三）鸡巴氏杆菌病

鸡巴氏杆菌病又叫鸡霍乱，是由鸡多杀性巴氏杆菌引起的鸡的接触性疾病。该菌为革兰氏阴性菌，主要致病血清型为A型，对外界抵抗力不强，普通消毒药就有良好的灭菌效果，日光有很强的灭菌效果。一般产蛋鸡群比较容易发生，经常由于应激因素的发生引起。慢性感染的鸡成为重要的污染源，可以通过呼吸道、消化道和眼结膜来感染。粪便中很少含有该菌。

1. 临床症状　自然感染的潜伏期为2~9天。

（1）最急性型。常见于流行初期，以产蛋高的鸡最常见。病鸡无前驱症状，晚间一切正常，次日发病死在鸡舍内。

（2）急性型。此型最为常见，病鸡主要表现为精神沉郁，羽毛松乱，缩颈闭眼，头缩在翅下。病鸡体温升高，饮水增加，伴有腹泻，排出黄色、灰白色或绿色的稀粪。鸡冠和肉髯变青紫色，有的病鸡肉髯肿胀。病鸡口、鼻分泌物增加。产蛋鸡产蛋突

然下降，下降40%~70%。

（3）慢性型。多见于流行后期，由急性不死转变而来。可引起慢性呼吸道炎、慢性肺炎和慢性胃肠炎。病鸡鼻孔有黏性分泌物流出，鼻窦肿大。病鸡腹泻，进行性消瘦，精神萎靡，冠苍白。有些病鸡一侧或两侧肉髯显著肿大，随后可能有脓性干酪样物质；有的病鸡有关节炎，表现为关节肿大、脚趾麻痹，继而跛行。病程可拖至一个月以上，但生长发育和产蛋长期不能恢复。

2. 病理变化　最急性型，死鸡无明显病变。急性型特征病变是病鸡的腹膜、肠系膜、黏膜常见有小的出血点，肝肿大，变脆易碎，表面有许多白色针尖大的坏死点；肌胃和十二指肠出血，发生出血性肠炎。慢性型侵害呼吸道时，可见鼻腔内有黏液，肺硬化；侵害关节时，可见关节肿大、变形，有炎性渗出物或干酪样坏死；侵害卵巢，可见卵巢出血，卵泡变形。

3. 诊断与防治　根据临床症状特征病变可以初步诊断，确诊需要实验室诊断。只要鸡场采取全进全出制度，严格执行鸡场卫生防疫制度，预防本病的发生是完全有可能的。

发生本病，可以经过药敏试验，选出该菌敏感的药物进行全群投药，一般可以取得良好的治疗效果。使用微生态制剂，对预防本病有一定的积极作用，一般不采用疫苗免疫。如果鸡场本病流行严重，可以取自己鸡场的病料进行细菌培养，制作出自家鸡场的灭活苗，对鸡群进行注射可以取得满意的预防效果。

（四）传染性鼻炎

鸡传染性鼻炎病是由鸡嗜血杆菌引起的以流鼻涕、鼻炎、脸肿为主要特征的急性呼吸道病。本菌可感染各年龄段的鸡，老鸡更易感。本菌的抵抗力较弱，对日光和消毒药都敏感，在45℃时6分钟即可杀死该菌。病鸡和隐性带菌鸡是本病的重要传染源，可通过飞沫及尘埃经呼吸道感染，也可以通过被污染的器具、饲料等经消化道感染。本病的发生一般是由于鸡的抵抗力降低而诱发的，主要原因有不同年龄段的鸡混群，通风不良，潮湿、寒冷、维生素缺乏、寄生虫侵袭等。

1. 临床症状 本病潜伏期1~3天，传播迅速，可在很短的时间使全群都发病。本病的发病率虽高，但死亡率不高。本病初期仅表现为鼻腔流稀薄的清液，不容易引起注意。随后出现脸部肿胀，眼结膜肿胀、发炎，鼻清液转变为浆液黏性分泌物。饮水和采食都下降，有的下痢。病鸡常并发呼吸道炎症，主要表现为呼吸困难，伴有啰音，病鸡常摇头想要将呼吸道的黏液排出，严重的病鸡窒息死亡。

2. 病理变化 主要病变为鼻腔和鼻窦黏膜出现急性卡他性炎症，黏膜充血肿胀，窦腔内出现渗出物凝块及干酪样坏死物。脸部及肉髯出现水肿，严重的可见气管炎、气囊炎等。产蛋鸡有侵害卵巢的症状，如卵泡变形、坏死，产蛋下降。

3. 诊断与防治 根据发病多死亡少的流行特点及症状可以做出初步诊断，进一步确诊需要采集病料进行实验室诊断。本病菌对磺胺药非常敏感，磺胺药是治疗本病的首选药。一般要选取2~3种药物联合使用效果更明显。预防还是要进行科学的饲养管理，减少应激因素的发生，提高鸡群的抵抗力等。

三、寄生虫病

（一）球虫病

鸡球虫病是由于球虫寄生引起的以出血性肠炎为主要特征的鸡的寄生虫病。本病对养鸡业危害很大，特别是土鸡，发病可引起30%~50%的死亡。本病主要是由于鸡食入了含有球虫孢子的卵囊而感染，仅通过消化道感染。病鸡和携虫鸡是本病的传染源，该虫可以通过被污染的器具、饮水、饲料及饲养员等中间媒介进行传染。

1. 临床症状 感染本病最重要的特征是病鸡排带血样粪便。

寄生虫感染的症状表现为初期精神委顿，采食减少，饮水增加，被毛蓬乱，间歇性下痢。后期逐渐消瘦，贫血，发育迟缓，成鸡产蛋减少。多数鸡于发病后 6~10 天死亡，3 月龄内的鸡死亡率 50%，3 月龄以上的病鸡多数转为慢性型。

2. 病理变化　球虫主要侵害盲肠，剖检可见盲肠肿大，肠内充满暗红色血液，盲肠上皮变厚，严重的肠内有干酪样坏死物，肠膜糜烂。

3. 诊断与防治　根据流行病学与临床症状可初步诊断，从粪便中检查出球虫卵可以确诊。可使用抗球虫药，如克球粉、地克珠利等，但要注意两种不同的药物应交叉使用。在土鸡的饲养过程中，可根据本场是否发生球虫病的实际情况，定期使用抗球虫药物，还可以使用促进肠道黏膜修复的药物，如维生素，也可以同时使用抗生素类药物消炎，防止继发感染。市场上有预防本病的疫苗，但在未流行区不提倡使用。

（二）住白细胞原虫病

鸡住白细胞原虫病又叫白冠病，是由白细胞原虫引起的以出血和贫血为特征的寄生虫病。

1. 临床症状　本病典型症状为贫血，鸡冠和肉髯苍白；病鸡突然咳血，可见食槽、水槽上有病鸡咳出的血液。病鸡体温升高，采食减少，常卧地不起，发育不良。

2. 病理变化　主要表现为贫血，全身皮下、内脏组织广泛性点状出血。在腺胃、肠道内有出血，肾肿大、出血，心肌有出血点和灰白色小结节。

3. 诊断与防治　确诊需要显微镜检查病鸡血涂片。治疗可以使用白冠净拌料，预防时每千克饲料中添加 20 毫克的磺胺对甲氧嘧啶预混剂，可控制本病发生。同时使用维生素、电解质加强机体抵抗力。

（三）绦虫病

鸡绦虫病是由绦虫引起的以寄生小肠为主的寄生虫病。本病成虫寄生鸡体内，虫卵随粪便排泄到外界，在中间宿主如蚂蚁、蝇等体内发育 2～3 周成为似囊尾蚴，鸡吃了似囊尾蚴而感染。本病感染季节在中间宿主活跃的季节。

1. 临床症状 患病鸡和其他寄生虫病一样，精神不振，采食减少，被毛松乱，消瘦，发育不良等。

2. 病理变化 主要病变在小肠，小肠内有大量恶臭的黏液，肠壁有出血点，严重的肠壁上有结节，结节内有黄褐色干酪样物。

3. 诊断与防治 剖检时发现虫卵即可确诊。治疗可用灭绦灵，每千克体重 100～150 毫克，一次内服。

（四）鸡虱病

羽虱主要寄生在鸡体表和羽毛深处，又叫蜘蛛昆虫，是一种永久性寄生虫，已发现 40 多种。羽虱主要靠咬食羽毛、皮屑和吸食血液而生存，因此患鸡表现羽毛断落，皮肤损伤，发痒，消瘦贫血，生长发育受阻，产蛋鸡产蛋量下降。并可降低对其他疾病的抵抗力。

1. 临床症状 鸡羽虱可引起鸡奇痒不安，常啄自己的皮肤。表现为精神骚动不安、采食减少、消瘦、贫血、发育不良。

2. 诊断 肉眼可见大量的鸡虱。

3. 防治

（1）保持环境清洁卫生。使用敌百虫、溴氰菊酯等药物对鸡舍地面、墙壁和棚架进行喷洒，杀灭环境中的羽虱。

（2）消灭体表羽虱。可用伊维菌素，按每千克体重 0.2 毫克拌料驱虫，间隔 10 天后再驱虫 1 次。同时用杀灭菊酯杀虫剂进行带鸡喷雾，每周 1 次，连用 3 周。

大群治疗时宜采用药浴法（仅限于夏季进行），方法是取

2.5%溴氰菊酯或灭蝇灵1份，加温水4 000份，放入大缸或大盆中，将鸡体放入药液浸透体表羽毛。也可用上述药物进行环境灭虱。用药物灭虱时要注意管理，避免鸡群中毒。

（五）鸡螨病

螨又称疥癣虫，是寄生在鸡体表的一种寄生虫。对鸡危害较大的是鸡刺皮螨和突变膝螨。鸡螨大小为0.3~1毫米，肉眼不易看清。鸡刺皮螨呈椭圆形，吸血后变为红色，故又叫红螨。当鸡严重感染时，贫血、消瘦、产蛋减少或发育迟滞。雏鸡严重失血时可造成死亡。突变膝螨又称鳞足螨，其全部生活史都在鸡身上完成。成虫在鸡脚皮下穿行并产卵，幼虫蜕化发育为成虫，藏于皮肤鳞片下面，引起炎症。腿上先起鳞片，以后皮肤增生、粗糙，并发生裂缝。有渗出物流出，干燥后形成灰白色痂皮，如同涂上一层石灰，故又叫石灰脚病。若不及时治疗，可引起关节炎、趾骨坏死，影响生长和产蛋。

防治：一是应搞好环境卫生，定期消毒环境，以杀死鸡螨；二是大群发生刺皮螨后，可用20%的杀灭菊酯乳油剂稀释4 000倍，或0.25%敌敌畏溶液对鸡体喷雾，但应注意防止鸡中毒。环境可用0.5%敌敌畏喷洒。对于感染膝螨的患鸡，可用0.03%蝇毒磷或20%杀灭菊酯乳油剂2 000倍稀释液药浴或喷雾治疗，间隔7天，再重复1次。大群治疗可用0.1%敌百虫溶液浸泡患鸡脚、腿4~5分钟，效果较好。

（六）鸡蛔虫病

鸡蛔虫病是鸡常见的一种线虫病，是鸡蛔虫（鸡线虫最大的一种，虫体黄白色，像豆芽菜的茎秆，雌虫大于雄虫。虫卵椭圆形，深灰色。对外界因素和消毒药抵抗力很强，但在阳光直射、沸水处理和粪便堆沤等情况下，可使之迅速死亡）寄生于小肠内所引起的，多发于3月龄左右的鸡。一般无特殊症状，只是表现生长缓慢，发育不良，贫血、消瘦，不易引起注意。大群饲养可以引起死亡。

1. 发病情况　蛔虫虫卵随粪便排出，在外界环境经10～12天发育成侵袭性虫卵。这种含有幼虫、具有致病力的虫卵污染饲料、饮水，被鸡吃进后，在鸡体内经35～50天又发育成成虫。3月龄以内的鸡最具感染性，放养鸡发病率更高。超过3月龄的鸡较少发病，但可带虫。

2. 临床症状　感染鸡生长不良，精神萎靡，行动迟缓，羽毛松乱，贫血，食欲减退，异食，腹泻，粪中往往有蛔虫排出。剖检，小肠内见有许多淡黄色豆芽梗样线虫，长50～100毫米。粪便检查可见到蛔虫卵。

3. 防治　驱蛔灵、驱虫净、左旋咪唑等都有效。预防：及时清除积粪，清洗消毒饮水器和料槽；4月龄以内的鸡要与成年鸡分开饲养，定时驱虫。

四、普通病

（一）啄癖

啄癖也叫异食癖、恶食癖、互啄癖，是啄羽癖、啄肉癖、啄肛癖、啄蛋癖、异食癖的总称，是指不同日龄不同品种的鸡在缺乏某种营养物质或者机体代谢发生障碍时，发生的味觉异常综合征。通常情况下，由于放养土鸡场地宽敞，饲养密度不大，一般不会发生啄癖症，但是如果放养场地缺乏某种营养素，则土鸡很容易发生这种疾病。

1. 发病原因

（1）鸡的品种习性。啄是鸡的本性，不同品种的鸡发生啄癖的概率不同，土鸡更容易发生。当鸡只早熟的时候也容易发生。

（2）饲料营养因素。营养因素是引起鸡发生啄癖的主要原因，饲料配方不合理或者操作时配合不当，土鸡补料不足，饲料

营养比例失调特别是钙磷比例，或者饲料中缺乏必需的氨基酸、维生素、微量元素特别是硫缺乏、矿物质及食盐缺乏等。

（3）饲养管理不当。土鸡育雏时发生啄癖，主要原因是舍温过高或者相对湿度过大、通风不良，光照太强，饲养面积较小，鸡只过于拥挤或者密度大，鸡只缺乏足够的运动场，料位和水位不足，或者水槽、料槽摆放不合理等，放养土鸡日粮供应不足或者补饲时间不规律，有时也可发生啄癖。

（4）发生其他疾病。当发生寄生虫病时，如球虫或者体外寄生虫，鸡只可发生啄羽、啄肛；引起鸡只下痢的疾病和影响营养吸收的病变也容易引起啄癖。如大肠杆菌病、慢性肠炎等。

（5）其他诱发因素。鸡天生对红色比较敏感，当鸡只发生机械性损伤、皮肤外伤出血或者母鸡输卵管脱垂等情况时，往往诱发啄食癖。

2. 临床症状　根据鸡只互啄的部位不同，可以分为啄羽、啄肛、啄趾、啄蛋。其中以啄肛最为多见，主要表现为互相攻击，造成伤害。当放养土鸡群中出现输卵管脱垂或者泄殖腔炎症时，一旦发生啄癖，很快蔓延全群，全群的鸡都来啄食这只鸡，往往当管理者发现时，受伤鸡只已经被啄食完内脏，只留下空壳。当鸡只换羽毛时，若发生啄羽癖，有的鸡只被啄去尾羽、背羽，几乎成为“秃鸡”或被啄得鲜血淋淋。

3. 诊断与防治　根据临床表现即可以确诊。针对发病原因采取相应措施。

（1）断喙、戴鸡眼罩。本书第六章已述。

（2）科学配给日粮并补充。放养鸡在放养过程中，一定要给予补充全价日粮。在日粮配给的时候，不但应该按照科学配方进行配给，而且还要把操作过程中容易损失的物质计算进去，特别是一些重要的氨基酸（如赖氨酸等）、维生素和微量元素等。生产实践证明，在日粮中添加10%~20%的这些物质可以减少啄癖的发生，还可以增加粗纤维并调节好钙磷比例。啄羽癖可能是由于饲料中硫化物和食盐不足引起，可以在饲料中适当补充硫化钙粉或者羽毛粉，在日粮中可加入2%~3%的羽毛粉；可在日粮中短期添加1.5%~2%的食盐，连续3~4天；但不能长期饲喂，避免引起食盐中毒。

（3）定期驱虫。主要是定期驱体内外寄生虫，包括球虫和鸡虱子。

（4）及时挑出被啄食的鸡单独饲养或者淘汰。鸡群一旦发现有被啄食的鸡，应立即将被啄的鸡只挑出单独饲养或淘汰。有外伤、脱肛的鸡应及时隔离饲养和治疗，在被啄伤口上涂上与其毛色一致和有异味的消毒药膏及药液，可以用紫药水、磺胺软膏等。

（5）加强土鸡育雏期的饲养管理，搞好养殖环境的控制。育雏阶段，保持足够的料位、水位，定时定量饲喂，保持正常密度。环境控制方面要保持鸡舍温度、湿度、通风正常，适宜光照等。

（二）中毒病

1. 发病原因

（1）采食的饲料含有毒物质。天然饲粮或者补充料中存在引起机体发生中毒的物质。比如果园、林地、草地等喷施过农药，鸡采食了被农药污染的青草、草籽；或采食了含有黄曲霉菌或者其毒素的饲料，或者棉籽饼、菜籽饼脱毒不良，引起的中毒等。

（2）添加的营养物质过量。有些营养物质鸡可以及时排泄，但有些营养物质过量会导致中毒，特别是微量元素，比如锌、铜等。

（3）添加药物或者添加剂不合理。在进行疾病治疗的过程中，拌料会由于搅拌不匀，或者添加过量引起鸡的中毒病。比如

喹乙醇是一种促生长抑菌的药物，会由于饲料中添加量过大、混合不均匀、饲喂时间过长等引起中毒（喹乙醇具有明显的蓄积毒性，已禁用）。

（4）食盐中毒。常见的中毒是由于鱼粉中含过量的盐导致中毒，饲料中含盐量一般是0.3%，一般不应该超过0.5%。

2. 临床症状 一般中毒后，都会导致精神不振、采食减少、下痢等常见中毒症状。不同的中毒症状表现还略有不同，要根据实际情况进行判断。

3. 诊断与防治 根据临床症状和病理变化，可做出初步诊断。必要时可送饲料进行实验室化验，最终达到确诊。确诊后立即停喂引起中毒的饲料，并采取对症治疗，一般是采取保护肝脏和促进肾脏排泄、增强机体抵抗力等措施。如在饮水中补充6%~8%的蔗糖或3%~4%的葡萄糖，供病鸡自由饮用，同时加入两倍以上的复合维生素。

（三）惊恐病

1. 发病原因 与土鸡自然放养有极大关系。如鸡群密度过大，天气原因（雷暴、闪电等），天敌的侵害，或人为的驱赶、捕捉等，再加上饲料中缺乏维生素 B_1 和烟酸，蛋白质供应不足都易引起本病的发生。

2. 临床症状 本病多为突然发作，初期只有少数鸡表现为神经过敏，乱飞或无目的地乱跑，遇到障碍物或饲养员时紧张，并时有“咯咯”惊叫，呈现恐惧和烦躁不安状态。很快病鸡逐渐增多，波及全群，此时极易惊群。当整群鸡惊恐时，鸡只乱飞、乱撞，挤压扎堆，导致撞伤、挤伤，甚至死亡。

3. 防治 消除致鸡群受惊扰的各种应激因子，优化饲养环境，保持合理的饲养密度，避免环境骤变。此外，饲料中补充适量的烟酸及维生素 B_1（各15~20毫克/千克饲料）、维生素C 0.1~0.2克/千克饲料。

（四）中暑

中暑是日射病和热射病的总称。鸡在烈日下暴晒，使头部血管扩张而引起脑及脑膜急性充血，导致中枢神经系统功能障碍称为日射病。鸡在闷热环境中因机体散热困难而造成体内过热，引起中枢神经系统、循环系统和呼吸系统功能障碍称为热射病，又称热衰竭。本病多见于酷暑炎热季节，特别是大规模密集型笼养鸡容易发生。

1. 症状 处于中暑状态的鸡，主要表现为张口呼吸，而且呼吸困难，部分鸡喉内发出明显的呼噜声，采食量下降，部分鸡绝食，饮水大幅增加，精神萎靡，活动减少，部分鸡卧于树底，鸡冠发绀，体温高达45℃以上。

2. 防治

（1）要科学选址。在选择放养场地时要充分考虑防暑工作，最好选择在草多林茂的山坡放养鸡群，利用树林遮挡强烈的阳光。

（2）加强饲养管理。夏季是鸡群中暑的高发期，平时应注意保证有足够的清洁饮水；尽可能避免在气温较高时进行追赶鸡群和捉鸡等容易引起鸡热应激的行为，保持鸡群的安静；调整饲料配方，降低日粮的能量，提高蛋白质含量，并根据鸡在野外的觅食情况适当补饲青饲料。

（3）适当使用防暑药物。常用的鸡群防暑药物有碳酸氢钠、氯化铵等西药和鱼腥草、夏枯草等中草药。天气炎热时，可在鸡的饮水中添加0.2%～0.5%碳酸氢钠或0.5%～0.7%氯化铵，也可添加0.08%维生素C；定期上山采摘鱼腥草、夏枯草或拾西瓜皮让鸡自由啄食。防止鸡群中暑主要靠预防，一旦发生中暑，应迅速将鸡群移到阴凉通风处，每只病鸡灌服十滴水1～2滴，全群鸡饮服1%碳酸氢钠和1%维生素C溶液。

附　录

附录一　禁止在饲料和动物饮用水中使用的药物品种目录

一、肾上腺素受体激动剂

1. 盐酸克仑特罗（Clenbuterol Hydrochloride）：《中华人民共和国药典》（以下简称《药典》）2000 年二部 P605。β2 肾上腺素受体激动药。

2. 沙丁胺醇（Salbutamol）：《药典》2000 年二部 P316。β2 肾上腺素受体激动药。

3. 硫酸沙丁胺醇（Salbutamol Sulfate）：《药典》2000 年二部 P870。β2 肾上腺素受体激动药。

4. 莱克多巴胺（Ractopamine）：一种 β 兴奋剂，美国食品和药物管理局（FDA）已批准，中国未批准。

5. 盐酸多巴胺（Dopamine Hydrochloride）：《药典》2000 年二部 P591。多巴胺受体激动药。

6. 西巴特罗（Cimaterol）：美国氰胺公司开发的产品，一种 β 兴奋剂，FDA 未批准。

7. 硫酸特布他林（Terbutaline Sulfate）：《药典》2000 年二部 P890。β2 肾上腺受体激动药。

二、性激素

8. 己烯雌酚（Diethylstibestrol）：《药典》2000年二部P42。雌激素类药。

9. 雌二醇（Estradiol）：《药典》2000年二部P1 005。雌激素类药。

10. 戊酸雌二醇（Estradiol Valerate）：《药典》2000年二部P124。雌激素类药。

11. 苯甲酸雌二醇（Estradiol Benzoate）：《药典》2000年二部P369。雌激素类药。《中华人民共和国兽药典》（以下简称《兽药典》）2000年版一部P109。雌激素类药。用于发情不明显动物的催情及胎衣滞留、死胎的排除。

12. 氯烯雌醚（Chlorotrianisene）：《药典》2000年二部P919。

13. 炔诺醇（Ethinylestradiol）：《药典》2000年二部P422。

14. 炔诺醚（Quinestml）：《药典》2000年二部P424。

15. 醋酸氯地黄体酮（Chlormadinone acetate）：《药典》2000年二部P1 037。

16. 左炔诺孕酮（Levonorgestrel）：《药典》2000年二部P107。

17. 炔诺酮（Norethisterone）：《药典》2000年二部P420。

18. 绒毛膜促性腺激素（绒促性素）（Chorionic Conadotrophin）：《药典》2000年二部P534。促性腺激素药。《兽药典》2000年版一部P146。激素类药。用于性功能障碍、习惯性流产及卵巢囊肿等。

19. 促卵泡生长激素（尿促性素主要含卵泡刺激FSHT和黄体生成素LH）（Menotropins）：《药典》2000年二部P321。促性腺激素类药。

三、蛋白同化激素

20. 碘化酪蛋白（Iodinated Casein）：蛋白同化激素类，为甲状腺素的前驱物质，具有类似甲状腺素的生理作用。

21. 苯丙酸诺龙及苯丙酸诺龙注射液（Nandrolone phenylpro pionate）：《药典》2000 年二部 P365。

四、精神药品

22. （盐酸）氯丙嗪（Chlorpromazine Hydrochloride）：《药典》2000 年二部 P676。抗精神病药。《兽药典》2000 年版一部 P177。镇静药。用于强化麻醉以及使动物安静等。

23. 盐酸异丙嗪（Promethazine Hydrochloride）：《药典》2000 年二部 P602。抗组胺药。《兽药典》2000 年版一部 P164。抗组胺药。用于变态反应性疾病，如荨麻疹、血清病等。

24. 安定（地西泮）（Diazepam）：《药典》2000 年二部 P214。抗焦虑药、抗惊厥药。《兽药典》2000 年版一部 P61。镇静药、抗惊厥药。

25. 苯巴比妥（Phenobarbital）：《药典》2000 年二部 P362。镇静催眠药、抗惊厥药。《兽药典》2000 年版一部 P103。巴比妥类药。缓解脑炎、破伤风、士的宁中毒所致的惊厥。

26. 苯巴比妥钠（Phenobarbital Sodium）：《兽药典》2000 年版一部 P105。巴比妥类药。缓解脑炎、破伤风、士的宁中毒所致的惊厥。

27. 巴比妥（Barbital）：《兽药典》2000 年版二部 P27。中枢抑制和增强解热镇痛。

28. 异戊巴比妥（Amobarbital）：《药典》2000 年二部 P252。催眠药、抗惊厥药。

29. 异戊巴比妥钠（Amobarbital Sodium）：《兽药典》2000

年版一部 P82。巴比妥类药。用于小动物的镇静、抗惊厥和麻醉。

30. 利舍平（Reserpine）：《药典》2000 年二部 P304。抗高血压药。

31. 艾司唑仑（Estazolam）。

32. 甲丙氨脂（Meprobamate）。

33. 咪达唑仑（Midazolam）。

34. 硝西泮（Nitrazepam）。

35. 奥沙西泮（oxazcpam）。

36. 匹莫林（Pemoline）。

37. 三唑仑（Triazolam）。

38. 唑吡旦（Zolpidem）。

39. 其他国家管制的精神药品。

五、各种抗生素滤渣

40. 抗生素滤渣：该类物质是抗生素类产品生产过程中产生的工业三废，因含有微量抗生素成分，在饲料和饲养过程中使用后对动物有一定的促生长作用。但对养殖业的危害很大，一是容易引起耐药性，二是由于未做安全性试验，存在各种安全隐患。

附录二　食品动物禁用的兽药及其他化合物清单

1. β 兴奋剂类：包括沙丁胺醇、克伦特罗、西马特罗及其盐、酯类制剂。

2. 性激素类：包括己烯雌酚及其盐、酯类制剂。

3. 类雌激素物质：包括醋酸甲羟孕酮、米雌霉醇、去甲雄三烯醇酮及其制剂。

4. 氯霉素及其盐、酯类制剂，包括琥珀酰氯霉素。

5. 氨苯砜及其制剂。

6. 硝基呋喃类：包括呋喃唑酮、呋喃它酮、呋喃苯烯酸钠及其制剂。

7. 硝基化合物：硝基酚钠、硝基烯腙及其制剂。

8. 镇静类：甲喹酮及其制剂。

9. 林丹（丙体六六六）。

10. 毒杀芬（氯化烯）。

11. 呋喃丹（克百威）。

12. 杀虫脒（克死螨）。

13. 双甲脒。

14. 酒石酸锑钾。

15. 锥虫胂胺。

16. 孔雀石绿。

17. 五氯酚酰钠。

18. 汞制剂：包括硝酸亚汞、氯化亚汞（甘汞）、醋酸汞、吡啶基醋酸汞。

19. 性激素类：甲基睾丸酮、丙酸睾酮、苯丙酸诺龙、苯甲酸雌二醇及其盐。

20. 镇静类：包括氯丙嗪、安定及其盐、酯类制剂。

21. 硝基咪唑：甲硝唑、地美硝唑及其盐、酯类制剂。

其中，第 1～8 类在所有用途上禁止使用，在所有食用动物上禁止使用；第 9～18 类作为杀虫剂禁止使用，在所有食用动物上禁止使用；第 10 类作为清塘剂禁止使用；第 16 类作为抗菌用途也禁止使用；第 17 类作为杀螺剂禁止使用；第 19～21 类在促生长用途上禁止使用，在所有食用动物上禁止使用。

附录三 生产A级绿色食品禁止使用的兽药

序号	种 类		兽药名称	禁止用途
1	β兴奋剂类		克仑特罗、沙丁胺醇、莱克多巴胺、西马特罗及其盐、酯及制剂	所有用途
2	激素类	性激素类	己烯雌酚、己烷雌酚及其盐、酯及制剂	所有用途
			甲基睾丸酮、丙酸睾酮、苯丙酸诺龙、苯甲酸雌二醇及其盐、酯及制剂	促生长
		具有雌激素样作用的物质	玉米赤霉醇、去甲雄三烯醇酮、醋酸甲孕羟酮及其制剂	所有用途
3	催眠、镇静类		甲喹酮及其制剂	所有用途
			氯丙嗪、地西泮及其盐、酯及制剂	促生长
4	抗生素类	氨苯砜	氨苯砜及其制剂	所有用途
		氯霉素类	氯霉素及其盐、酯（包括琥珀氯霉素）及其制剂	所有用途
		硝基呋喃类	呋喃唑酮、呋喃西林、呋喃妥因、呋喃它酮、呋喃苯烯酸钠及其制剂	所有用途
		硝基化合物	硝基酚钠、硝呋烯腙及其制剂	所有用途
		磺胺类及其增效剂	磺胺噻唑、磺胺嘧啶、磺胺二甲嘧啶、磺胺甲噁唑、磺胺对甲氧嘧啶、磺胺间甲氧嘧啶、磺胺地索辛、磺胺喹噁啉、三甲氧苄啶及其盐和制剂	所有用途
		喹诺酮类	诺氟沙星、环丙沙星、氧氟沙星、培氟沙星、洛美沙星及其盐和制剂	所有用途
		喹恶啉类	卡巴氧、喹乙醇及其制剂	所有用途
		抗生素滤渣	抗生素滤渣	所有用途

续表

序号	种类		兽药名称	禁止用途
5	抗寄生虫类	苯并咪唑类	噻苯达唑、丙硫苯咪唑、甲苯达唑、硫苯咪唑、磺苯咪唑、丁苯咪唑、丙氧苯咪唑、丙噻苯咪唑及制剂	所有用途
		抗球虫类	二氯二甲吡啶酚、氨丙啉、氯胍及其盐和制剂	所有用途
		硝基咪唑类	甲硝唑、地美硝唑及其盐、酯及其制剂等	促生长
		氨基甲酸酯类	甲萘威、呋喃丹（克百威）及其制剂	杀虫剂
		有机氯杀虫剂	六六六、滴滴涕、林丹（丙体六六六）、毒杀芬（氯化烯）及其制剂	杀虫剂
		有机磷杀虫剂	敌百虫、敌敌畏、皮蝇磷、氧硫磷、二嗪农、倍硫磷、毒死蜱、蝇毒磷、马拉硫磷及其制剂	杀虫剂
		其他杀虫剂	杀虫脒（克死螨）、双甲脒、酒石酸锑钾、锥虫胂胺、孔雀石绿、五氯酚酸钠、氯化亚汞（甘汞）、硝酸亚汞、醋酸汞、吡啶基醋酸汞	杀虫剂

参 考 文 献

[1] 申李琰．土蛋鸡高产饲养法［M］．北京：化学工业出版社，2012.
[2] 尹兆正．优质土鸡养殖技术［M］．北京：中国农业大学出版社，2002.

北京油鸡

固始鸡

固始鸡青脚配套系

固始鸡乌骨配套系

新兴黄麻鸡（优质型）

杏花鸡

健康雏鸡

清远麻鸡

文昌芦花鸡

汶上芦花鸡

右玉鸡麻羽单冠公鸡

右玉鸡麻羽单冠母鸡

初饮饮水

开食

林间鸡舍

山坡放养

山坡鸡舍

院外放养

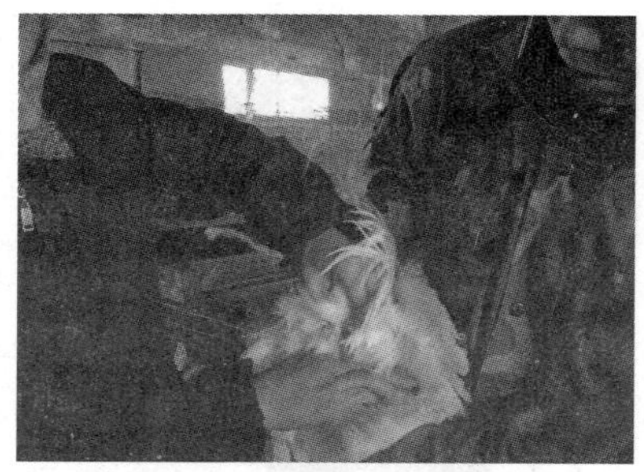

采精

雏鸡开食用玉米糁子

断喙器

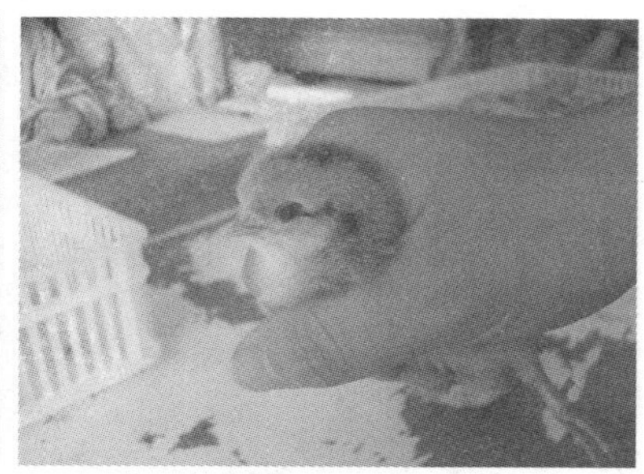

手握检查

输精

育雏舍换气扇